電気・電子工学
テキストシリーズ １

電気・電子計測

菅　　博　　玉野和保
井出英人　米沢良治 ｜著

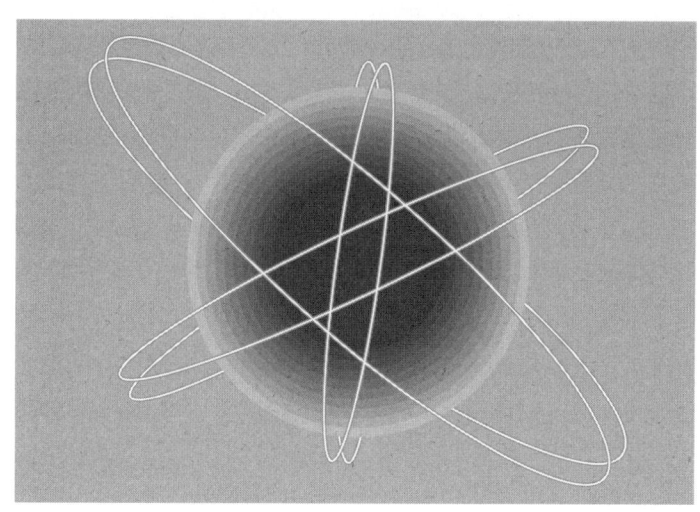

朝倉書店

は　し　が　き

　電気・電子計測に関し，わかりやすさに重点をおいて旧著『電気・電子計測』を企画刊行してからすでに十数年になる．幸いに，計器の基本原理から計測システムの要点を詳述した本書は，講義テキストとしてまた参考書として高く評価され，広く購読されてきた．しかし，電子技術の進歩は速く，マイクロプロセッサなどの性能向上とともに計測技術も進展し，記述内容に変更や追加が必要になった．

　最近の電気計器の特徴はアナログ入力をA/D変換し，ディジタル処理した後表示するディジタル化，また電子計測システムでは，データ収録の自動化とデータ処理の高度化およびネットワーク化である．

　そこで今回，本書の新鮮さを保つために次のような改訂を行った．

　計測技術はディジタル化によって大きく変革したが，計測の原理や基礎技術には大きい変化は生じてはいない．各パラグラフにおいて，専門的すぎると思われる事項は割愛し，特に基本的に重要と思われる事項についてはより丁寧に解説した．ユーザにとってより重要と思われる計測法の基礎や各種センサの原理や特性について，解説図を多用し詳述した．

　電子計測システムでは計測器とコンピュータとの連携が重要であるので，それらをつなぐバスやインターフェースについての記述を増やした．しかし旧版で解説していたDSP (Digital Signal Processing) については，それだけでも1科目に相当する幅広い内容のものであるから，他著に譲り割愛することにした．

　近年のコンピュータの高速化に伴い，各分野でシミュレーションが活用されているが，計測技術においても例外ではなく，システムの設計や評価に便利なシミュレーションプログラムが開発されている．最終教程で，その代表的ツールであるLabVIEWについて解説した．

　電気・電子計測それぞれについての問題には，設問の直下に解説を示した．それは本文で直接触れなかった事項についての理解を容易にするために役立つものと思われる．

　最後に，本書を永年にわたりご活用いただいた各位に厚くお礼申し上げるとともに，さらに版を重ねて斯界の要望に応えることを願ってやまない．また，本書の刊行に一方ならぬご尽力を戴いた朝倉書店編集部に心から感謝申し上げる．

2005年3月

著者代表　菅　　　博

目　　　次

第1編　電磁気計測

第1部　測定の基礎　　　*1*

教程1　用語と単位 …………………………………………………………1
　　　1.1　用　語 ……………………………………………………………1
　　　1.2　単　位 ……………………………………………………………4
　　　1.3　単位の維持 ………………………………………………………9

第2部　電気計器　　　*11*

教程2　電気計器一般 ……………………………………………………11
　　　2.1　指示計器の分類 …………………………………………………11
　　　2.2　指示計器の3大構成要素 ………………………………………11
　　　2.3　その他の構成要素 ………………………………………………15

教程3　可動コイル形計器 ………………………………………………15
　　　3.1　原理と構造 ………………………………………………………15
　　　3.2　分流器，倍率器 …………………………………………………16
　　　3.3　可動コイル形計器の特徴 ………………………………………17

教程4　整流形計器と熱電形計器 ………………………………………17
　　　4.1　整流形計器 ………………………………………………………17
　　　4.2　熱電形計器 ………………………………………………………18

教程5　静電形計器と可動鉄片形計器 …………………………………19
　　　5.1　静電形計器 ………………………………………………………19

	5.2 可動鉄片形計器 ································· 21

教程 6　電流力計形計器 ································· 21
  6.1　動作原理 ································· 22
  6.2　電流計，電圧計および電力計 ················ 23
  6.3　電流力計形計器の特徴 ······················ 24

教程 7　誘導形計器 ······································· 24
  7.1　原理と構造 ································ 24
  7.2　誘導形電力計 ······························ 26
  7.3　誘導形計器の特徴 ·························· 27

教程 8　検流計 ··· 27
  8.1　可動コイル形直流検流計 ···················· 27
  8.2　エレクトロニック検流計 ···················· 28
  8.3　検流計用分流器 ···························· 28

教程 9　積算計器と計器用変成器 ························· 29
  9.1　積算計器 ·································· 29
  9.2　計器用変成器 ······························ 30

教程 10　電位差計 ······································· 32

第 3 部　電気測定法　　　　　　　　　　　　　　　　　35

教程 11　測定法の分類 ··································· 35
  11.1　直接測定と間接測定 ······················· 35
  11.2　偏位法と差動法 ··························· 35
  11.3　電気単位の基本測定 ······················· 37

教程 12　測定値の処理 ··································· 37
  12.1　確率密度 ································· 37
  12.2　最小二乗法 ······························· 38
  12.3　誤差の伝搬 ······························· 40
  12.4　標準偏差 ································· 42
  12.5　測定値の間の関係 ························· 42

教程 13	電圧・電流の測定	43
	13.1 直流電圧・電流の測定	43
	13.2 交流電圧・電流の測定	45
	13.3 特殊電圧・電流の測定	45

教程 14	電力・位相・力率の測定	47
	14.1 直流電力の測定	47
	14.2 交流電力の測定	48
	14.3 力率・位相の測定	49
	14.4 ブロンデルの法則	50
	14.5 皮相電力・無効電力の測定	51
	14.6 三相電力の測定	51

教程 15	周波数・波形の測定	52
	15.1 周波数の測定	52
	15.2 波形の測定	53

教程 16	電気抵抗の測定	56
	16.1 はじめに	56
	16.2 低抵抗の測定	57
	16.3 中抵抗の測定	58
	16.4 高抵抗の測定	60

教程 17	インピーダンスの測定	61
	17.1 インピーダンスの表し方	61
	17.2 交流用標準抵抗器	63
	17.3 標準誘導器	64
	17.4 標準コンデンサ	65
	17.5 インピーダンス計	66
	17.6 相互インダクタンスの測定	66
	17.7 容量の測定	67

教程 18	各種交流ブリッジ	68
	18.1 交流ブリッジ一般	68
	18.2 交流ブリッジの代表例	70

第4部 磁気測定

教程19 磁気の測定法 ································· 73
   19.1 磁界に関する量の測定法 ···················· 73
   19.2 磁性材料に関する量の測定法 ················ 76

演習問題 80

第2編 電子計測

第5部 電子計測システム

教程20 計測技術と計測システム ······················· 87
   20.1 計測技術 ·································· 87
   20.2 計測システム ······························ 87
   20.3 計測技術の未来像 ·························· 89

教程21 測定量変換の基礎 ····························· 90
   21.1 測定信号のエネルギーと情報 ················ 90
   21.2 信号変換に使われる法則 ···················· 91
   21.3 信号の検出方法 ···························· 91

第6部 センサ

教程22 幾何学量/電気変換 ···························· 94
   22.1 静電容量形センサ ·························· 94
   22.2 インダクタンス形センサ ···················· 95
   22.3 うず電流センサ ···························· 95

教程23 力学量/電気変換 ······························ 96
   23.1 圧電形センサ ······························ 96
   23.2 抵抗歪み形センサ ·························· 97
   23.3 電磁流速センサ ···························· 98
   23.4 超音波流速センサ ·························· 99
   23.5 レーザ速度センサ ·························· 100

教程 24　温度/電気変換 ···101
　　24.1　抵抗温度センサ ···101
　　24.2　熱　電　対 ··103
　　24.3　焦電形センサ ··103

教程 25　光/電気変換 ··104
　　25.1　光導電セル ··104
　　25.2　光起電力セル ··105
　　25.3　固体イメージセンサ ···106
　　25.4　光電子増倍管 ··107

教程 26　成分/電気変換 ···107
　　26.1　ガスセンサ ··107
　　26.2　湿度センサ ··108
　　26.3　pH センサ ···108
　　26.4　バイオセンサ ··109

第 7 部　インターフェース・データ変換　　　　　　　　　　　　*111*

教程 27　アナログ変換 ··111
　　27.1　反転増幅器 ··111
　　27.2　非反転増幅器 ··112
　　27.3　差動増幅器 ··113
　　27.4　アクティブフィルタ ···114

教程 28　ディジタル変換 ··115
　　28.1　ディジタルコード ···115

教程 29　A/D 変換器 ···117
　　29.1　デュアルスロープ積分形 A/D 変換器 ····································118
　　29.2　逐次比較形 A/D 変換器 ··119
　　29.3　並列形 A/D 変換器 ··120
　　29.4　サンプル&ホールド回路 ··120

教程 30　D/A 変換器 ···121
　　30.1　重み抵抗形 D/A 変換器 ··122
　　30.2　ラダー形 D/A 変換器 ··122

目　　次

教程31　ディジタルインターフェース ……………………………………123
　　　31.1　シリアルインターフェース ……………………………………123
　　　31.2　パラレルインターフェース ……………………………………124

━━━━━━━━━━━━　**第3編　バーチャル計測器**　━━━━━━━━━━━━

教程32　LabVIEW ……………………………………………………………127
　　　32.1　VIの作成例 ………………………………………………………127
　　　32.2　LabVIEWのダウンロード ……………………………………128
　　　32.3　VIの作成手順 ……………………………………………………129

演 習 問 題　　　　　　　　　　　　　　　　　　　　　　　*134*

索　　引　　　　　　　　　　　　　　　　　　　　　　　　*137*

第1編　電磁気計測

第1部　測定の基礎

教程1　用語と単位

計測とは，「特定の目的をもって事物を量的にとらえるための方法・手段を考究し，実施し，その結果を用い所期の目的を達成させること」とJISに明示されている*．すなわち，計測とは事物を定量的に測定し，その結果から事物が何であるか，あるいはどのような状態にあるかを認識しようとする行為である．このような行為には，単に計るということだけではなく，計るための研究，測定法の開発，測定の実施，データの処理，さらに対象の状態の判断や事物の認識など，事物の定量的な認識にかかわるすべての工学的な行為が含まれている．

本教程では電気工学・電子工学にかかわる技術者として必要な計測技術についての用語，ならびに国際単位（Systeme International d'Unites, SI）の考え方について説明する．

1.1　用　　　語

a．測　定（measurement）　測定とは，「ある量を基準として用いる量と比較し，数値または符号を用いて表すこと」と定義される．いいかえれば，測定とは，計ろうとしている測定可能な量が基準として用いる量である単位（unit）に対して，いかほどの倍率になるか，あるいは物理量のどの基準に対応するか，といったことを決定することである．

スチーブンス（S. Stevens；1946年に発表）によると，基準に対する倍率や対応の決定に用いられる測定の尺度（尺度は基準との比較規則）には，① 比例尺度，② 距離尺度，③ 序数尺度，④ 名義尺度がある．比例尺度は測定量が基準の大きさの何倍であるかの，量的対応を行うことで，物差しで長さを測ること，質量を測ることなどがこれに含まれる．距離尺度は電位差やセルシウス度のように基準となる2点間の量を等分し，それを測定量と比較する場合に用いる．序数尺度は量的な対応性は重要でなく，いくつかの基準となる標本との対応によって基

---

*　計測にかかわる用語はJIS Z 8103に定義されている（2000年に改正）．

準の度数や表示値で表す方法である．これにはモース硬度表示，地震の強弱の程度を表す震度，また品物の質を表す等級などがある．名義尺度は測定値の数値が量として対応するのでなく，単なる記号として与えられている場合で，表示値はときに数値以外の記号で与えられることもある．これには，血液型の表示や国際10種類雲形また背番号などがある．

● b. **誤差**（error）　測定を行うとき測定したものに，まさにそのものを指し示す正しい値や名義があると考える．しかし，この，まさに正しい値である**真の値**（true value）は測定によって具体的に求めることはできない値である．いかなる場合でも，測定値は限りなく真の値に近づけることはできるが，どのようにしても真の値からはある量の開きをもっている．この開きは誤差と呼ばれている．

誤差は絶対値あるいは誤差率で表される．いま測定値を M，真の値を T とすると，**誤差量 ε** は $\varepsilon = M - T$，**誤差率（相対誤差）** は ε/T で表される．

一方，測定値は測定のたびに異なる．これは**ばらつき**（dispersion）と呼ばれる．このばらつきは統計処理により標準偏差で表される．ばらつきの標準偏差は**精密さ**（precision）の程度である**精密度**を表しており，ばらつきの母平均値に対する比は**精密率**と呼ばれる．測定値から推定される母平均値から真の値を引くと，**かたより**（bias）が求められる．かたよりの最大値は**正確さ**（accuracy）の程度である**正確度**を表しており，その真の値に対する比は**正確率**と呼ばれる．**精度**（overall accuracy）はこれらの精密さと正確さを総合したもので，誤差（かたよりとばらつきの両方を含んだ，真の値からの開き量）の母標準偏差に倍率を

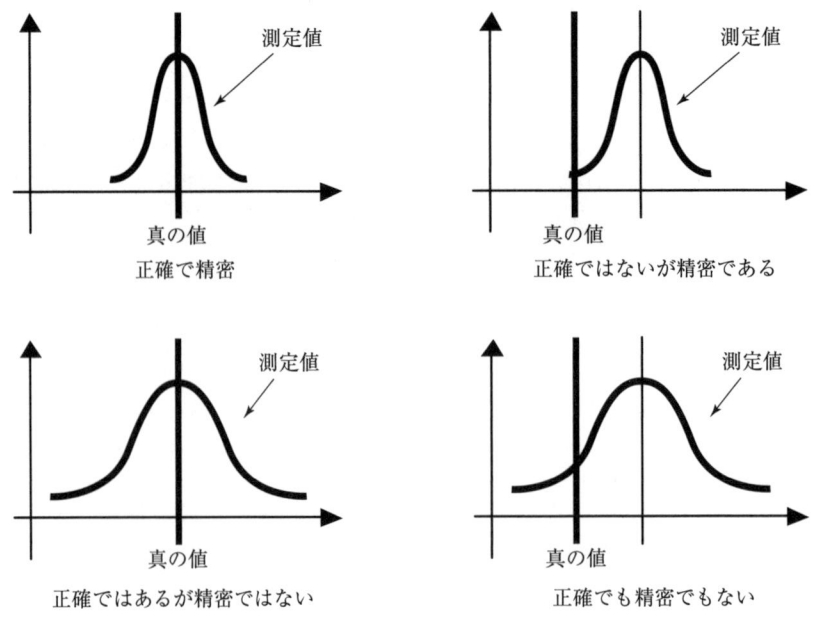

図 1.1　正確さと精密さの違い

掛けた値の，真の値に対する比で表される．ここで標準偏差の倍率は明確に定められていない．いまこの値を3とすると，統計的に1000回の測定のうち，約3回の測定値がこの範囲からはずれることを意味し，このように定めた精度はほとんどすべての指示値を含む範囲と扱ってよい．また，0.6745とすると，その範囲に入る確率は50％で，測定値の半数はこの範囲内に含まれる．この誤差は**公算誤差**と呼ばれている．図1.1に精密さと正確さの意味の違いを示す．

　誤差には測定装置固有の原因に基づいて，かたよりを生じる①**系統誤差**（systematic error）と，つきとめられない原因により，ばらつきとして現れる②**偶然誤差**（accidental error），さらに測定者の不注意から読みを間違うことによって生じる③**間違い**（mistake）と呼ばれる3種類の誤差がある．系統誤差や間違いは，原因の究明とかたよりの**補正**（correction）をすることで除去できる場合も少なくない．補正量 α は $\alpha = T - M$ で求められる．**補正率**は α/M で表され，近似的に誤差率と同値となる．

　偶然誤差は原因究明や補正処理できない確率的な現象であるため，統計法によって処理される*．

　測定器が指示する値を標準器や基準と比較し，指示値との差を補正や統計処理して測定器が真の値に近い値を示すようにすることを**校正**（calibration）という．また，校正法がより高位の標準によって，国家標準につながる経路が確立されている程度を**トレーサビリティ**（traceability）という．

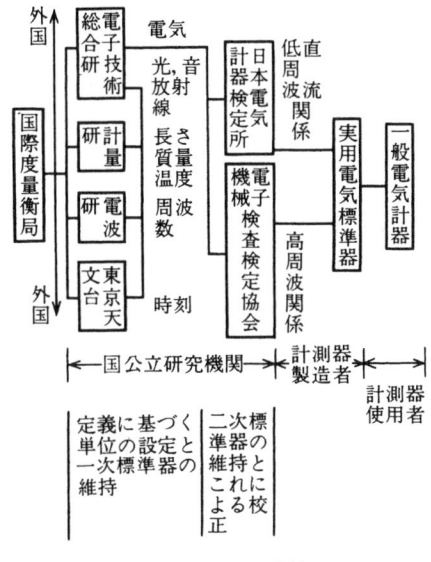

図1.2　校正の道筋

---
* 統計法では，測定値の母平均区間推定法によって真の値の確からしい値を推定することができる．

1.2 単位

a. 単位の一元化への歩み　「すべての人に，すべての時代に」（à tous les temps, à tous les peuples）をスローガンとするメートル条約が締結されたのは1875年であった．その後，計量単位の完全なルールの確立とメートル条約加盟国のすべてが採用しうる実用的計量単位系の確立を目標として，1960年の第11回国際度量衡総会で国際単位系（SI）の骨子が採択された．国際標準化機構（ISO）は，この決定に基づき，1973年に今日のSI単位として使われている実用規格ISO 1000（1992年に3版が発行）を作成した．

わが国は1885年（明治19年）にメートル条約に加盟しメートル系単位を導入後，積極的にその浸透を計ってきた．1959年（昭和34年）にはメートル系単位の専用化，1966年（昭和41年）には，それまでさまざまな単位系で表示していた電気関係の単位をMKS有理系として一元化し，SIを逐次導入するよう決定した．1972年（昭和47年）には，SIはJISで使用する単位としている．さらに1992年（平成4年）にはJISを，1993年（平成5年）には計量法を改定し，工業のあらゆる分野における単位表記はSIを優先あるいはSIのみとするよう定められた．

b. SI単位系　SI単位系は図1.4に示すように7個の基本単位，18個の固有の名称をもつ組立単位，人体の保健のために用いる固有の名称をもつ3個の組立単位，20個の接頭語，SI単位の10乗整数倍からなっている*．

これらの単位のうち，おもなものについて以下に説明するが，詳細な説明と取

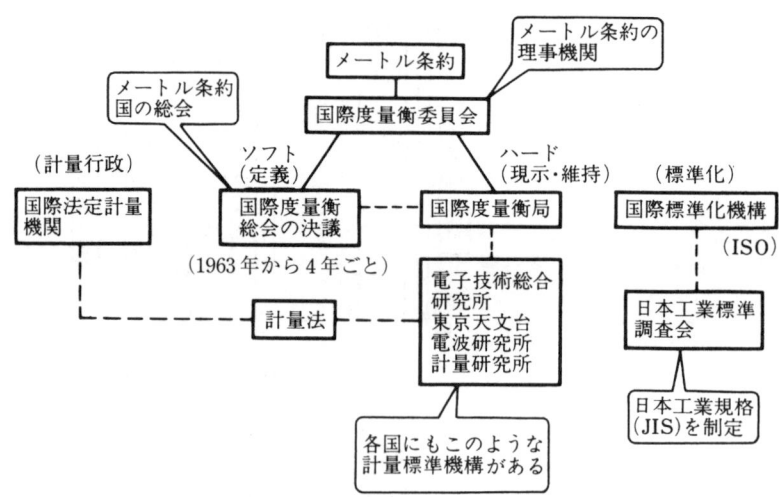

図1.3　SIの制定にかかわる組織

---

* 以前はrad，srは補助単位として基本単位，組立単位と分けて区分されていたが，1995年の第20回国際度量衡総会で組立単位に含められることになった．また1999年の第20回国際度量衡委員会で酵素活性を表す組立単位，モル毎秒〔mol/s〕をカタール〔kat〕として加えることになったが，JISの2000年改訂段階では含められていない．

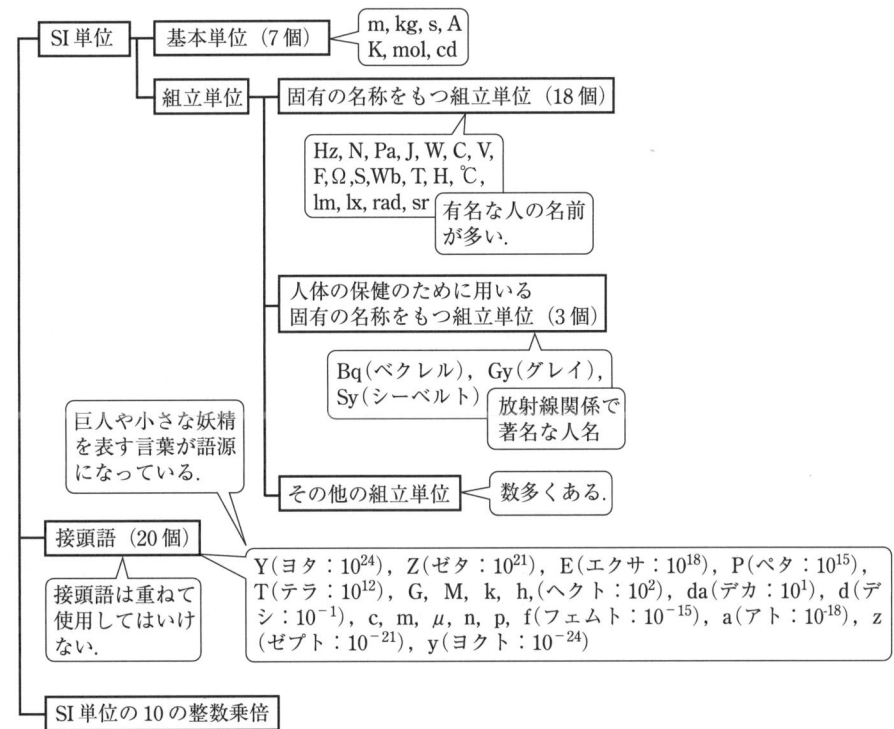

図1.4 SI単位の構成

り扱いはJIS Z 8203「国際単位系（SI）およびその使い方」を参照されたい．

1) メートル：　普遍的な基準を目指す最初の定義として，1790年にパリを通る地球の子午線の北極から赤道までの距離の1000万分の1を1mとすることと定められた．その具体的な標準器として，1889年の第1回度量衡総会で0℃における国際メートル原器の両端部に刻印された標線間の距離と定義された．さらに，1960年にSI単位系が第11回度量衡総会で採択されたとき，クリプトン86

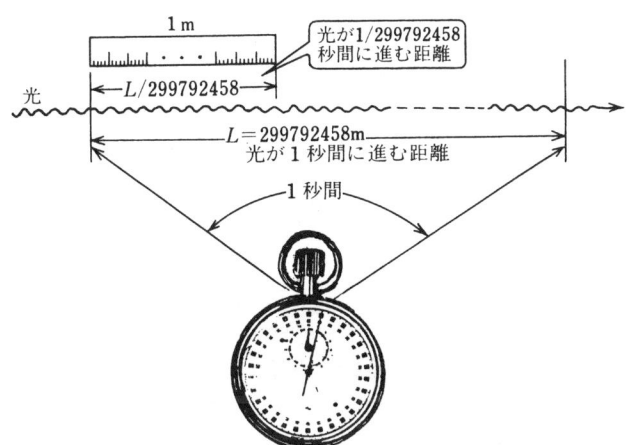

図1.5 長さの基準

原子の $2p_{10}$ と $5d_5$ の 2 準位間の遷移に対応する放射電磁波の，真空中での波長の 1650763.73 倍と定められた．現在では，$1/299792458\,\mathrm{s}$ の時間に光が真空中を伝わる行程の長さと定義されている（1983 年第 17 回国際度量衡総会で採択，JIS は 1985 年に改正）．なお，メートルの言葉は測定を意味するギリシア語に由来する．また，長さを定めるに当たっては，紀元前 6000 年頃のメソポタニア地方で腕の長さを表す量として使用されていた 2 キュービッドが源流にあるといわれる*．

2) キログラム: 最初の質量基準は 1799 年に特定の体積を占める水の質量を基準としようとするラボアジェらの考えに基づき，メートルを基にした 1 dm 立方容積の最大密度温度における蒸留水の質量をもって定められた．このとき，これと同一の質量の白金塊がキログラム原器としてつくられた．現在は，メートル条約締結前につくられた直径，高さともに 39 mm の円筒形白金イリジウム合金塊が原器として定められている．

現在さらに，より普遍的な基準として欠陥のごく少ない Si や Ge 結晶の格子定数と体積から求められる原子の個数に原子量を掛け合わすことによって，質量基準を定めようとする動きもある．

キログラムはその名称において，本来切り離せない接頭語「キロ」が付けられている．このため，キログラムの前に接頭語を付ける必要のあるときは，接頭語規則の特例としてキロをはずしたグラムに新たな接頭語を付けて使用できるようになっている．たとえば，$10^{-6}\,\mathrm{kg}$ は $\mu\mathrm{kg}$ でなく mg と表記する．

グラムの名称はわずかな重さを意味するギリシア語が基になっている．

3) 秒: 時間の単位は天体の運行が基準となって定められていたが，厳密化が進むとともに地球の運動の不規則さが障害となり，1967 年の第 13 回国際度量衡総会でセシウム 133 の原子の，基底状態の二つの超微細準位間での遷移に対応

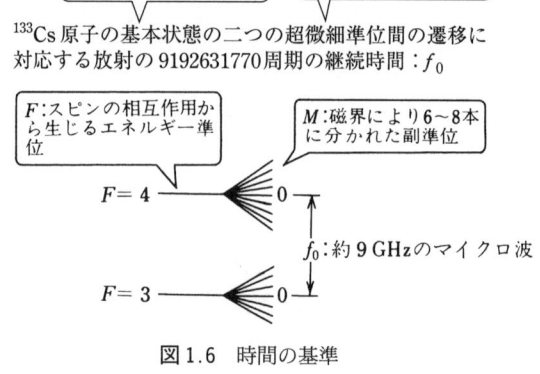

図 1.6 時間の基準

---

* 小泉袈裟勝著「歴史の中の単位」，総合科学出版（1974 年）に詳細な説明がある．

する放射電磁波の 9192631770 周期の継続時間と定義された．

秒を表す装置は数 m の長さのセシウムビーム原子周波数標準器で，これを基に時刻の標準が決定される．この原子時計に基づく原子秒は平均太陽時で定まる暦秒と異なるため，0.9 s 以上差が現れるとき，暦秒は6月30日か12月31日の最後にうるう秒を挿入あるいは除去することによって調整される．2004年までの調整では，1998年12月31日の最後に1sが加えられた．

4) **アンペア**： 電流天秤によって，電流と力学量の関係が他の電気系単位に比べて比較的容易にしかも正確に対応づけできることから，電気分野を代表する単位として SI 制定時に基本単位となった．

1893年にシカゴで開催された国際電気会議で電気の諸単位が検討され，電流の基準として硝酸銀の水溶液から1s間に 1.118×10^{-3} kg の銀を析出させる定常電流を基準とする考えが導入された．この基準は1908年のロンドン国際会議で国際アンペアとして定義された．やがて，理論から導出される絶対電気単位との食い違いが明らかになり，1948年の第9回国際度量衡総会で国際アンペアの代わりに今日定義しているような電流基準が定められた．

この定義に基づく1 A とは，真空中に1mの間隔で平行に置かれた無限に小さい円形断面積の，無限に長い2本の直線状導体のそれぞれに流れ，これらの導体の長さ1mごとに 2×10^{-7} N の力を及ぼし合う不変電流である．

アンペアの名称は，電流と磁界の強さについて初めて精密に研究したフランスの学者 André Marie Ampére の名前にちなんでいる．

電流以外の電気単位は，この電流基準と長さ，質量，時間から導出される．

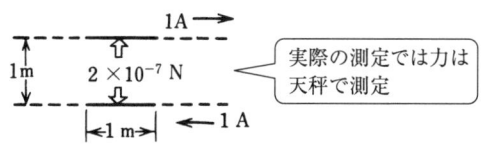

図1.7 電流の基準

5) **ケルビン**： 1954年の第10回国際度量衡総会で，水の三重点* の熱力学温度の1/273.16として熱力学温度ケルビン度（°K）が制定された．当初この単位は温度差に使用できなかったが，1967年第13回国際度量衡総会でセルシウス度とともに温度差および温度間隔を表すことのできる単位，ケルビン（K）となった．セルシウス度（°C）は固有の名称をもつ組立単位に加えられている．

ケルビンの名前は，気体を細い穴から吹き出すと温度が下がることを発見，ま

---

* 物質の圧力と温度を変化させたとき，固体，液体，気体の3状態が同時に起こっている圧力と温度の値．

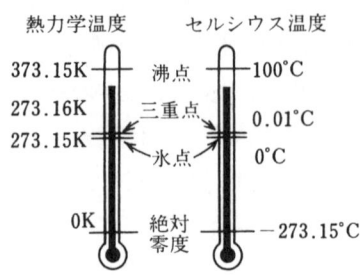

図 1.8 温度の基準

た熱機関の研究で著名な Sir Lord Kelvin（爵位前の名前は William Thomson）の名前にちなんでいる．

6） **モ ル**： 1967 年の国際度量衡委員会で，モルの定義が 1.2×10^{-2} kg の炭素 12 の中に存在する原子の数（近似値として 6.0229×10^{23}（アボガドロ定数））と等しい数の要素粒子，または要素粒子の集合体（組織が明確にされたものに限る）で構成された系の物質量とし，要素粒子または要素粒子の集合体を特定して使用すること，と定められた．この定義は 1971 年第 14 回国際度量衡総会で最終的に採択され，今日の SI 基本単位の定義になっている．

モルの単位名称は，SI 制定以前から使用されていたグラムモルという単位標記に基づくといわれている．

7） **カンデラ**： 光の放射強度を表す方法として，白金の凝固温度における黒体の輝度を基準とする方法があった．この基準は 1948 年の第 9 回国際度量衡総会で採択され，光度の単位としてカンデラが制定された．しかし，黒体の実現の困難さから，1979 年第 16 回国際度量衡総会で 1 カンデラとは，周波数 5.40×10^{14} Hz の単色放射を放出し，所定の方向におけるその放射強度が 1/683 W/sr である光源の，その方向における光度と再定義された．SI ではこの基準が採択されている．

なお，カンデラの名称は獣脂ろうそくを意味するラテン語が語源になっている．

8） **クーロン**： 電気量の単位で，SI 基本単位の電流と時間から組み立てられる固有の名称をもつ組立単位である．1 クーロン（1 C）は 1 s 間に 1 A の電流が流れるときに移動した電気量と定義される．

単位名称はクーロンの法則で有名な Charles Augustine de Coulomb にちなむ．

9） **ボルト**： 電位，電位差，電圧，起電力の単位で，固有の名称をもつ組立単位である．1 ボルト（1 V）は不変電流 1 A を流す導体の 2 点間において，そこ

から力学系の仕事率と対応できる電力1Wが放出されているとき，その2点間の電位差（電圧降下）で定義される．

単位名称は電池を発明したAlessandro Voltaの名前による．

10) **ワット**： 固有の名称をもつ組立単位で，1ワット（1W）は毎秒1ジュール（1J/s）の割合でエネルギーを出す工率*と定義される．

単位名称は蒸気機関の発明で有名なJames Wattの名前が基になっている．

11) **オーム**： 固有の名称をもつ組立単位．1オーム（1Ω）は，起電力の存在しない1本の導体の2点間に不変電流1Aを流したとき，そこに生じる電位差が1Vであるときの2点間の電気抵抗である．なお，電気低抗の逆数で電流の流れやすさを示すコンダクタンスの単位はジーメンス（S）で表す．$1S=1Ω^{-1}$．

単位の名称はオームの法則を発見したGeorg Simon Ohmにちなんでいる．

12) **ファラド**： 固有の名称をもつ組立単位で，静電容量の単位である．1ファラド（1F）は電気量1Cを充電したときに，1Vの電位差が現れるときのコンデンサの静電容量と定義される．

単位の名称は，電磁誘導や電気分解の研究で著名な成果を上げ，電流が電気を帯びた粒子の流れであると唱えたMichael Faradayの名前に基づいている．

13) **ヘンリー**： インダクタンスを表す固有の名称をもつ組立単位．1ヘンリー（1H）は毎秒1Aの割合で一様に変化する電流を閉回路に流したとき，端子間に1Vの起電力を生じる回路のインダクタンスである．

単位の名称は，強力な電磁石の製作と電磁石に流す電流を急激に変化させるとき，高い電圧が発生する自己誘導作用の発見者であるJoseph Henryにちなんでいる．

14) **ウェーバ**： 磁束を表す固有の名称をもつ組立単位．1ウェーバ（1Wb）は1回巻きの回路に鎖交する磁束が1s間に一定の割合で零まで消失するときに，1Vの起電力を発生する磁束である．単位面積当たりの磁束である磁束密度の単位はテスラ（T）で表される．1Tは$1Wb/m^2$．

単位の名称は電信機の発明，電気の単位の研究，地磁気をはじめ，磁気に関する研究で著名な研究成果を上げたWilhelm Eduard Weberの名前にちなんでいる．また，テスラの名称は交流発電や交流理論，無線機の研究者であったNicola Teslaにちなんでいる．

● **1.3 単位の維持** ●

測定器の指示値は，すべてSIで定める単位の定義に正確に対応づけられなければならない．このための方法として，単位の定義に忠実に測定を行う基本測定

---

* 単位時間当たりの仕事で，仕事率と同じ．「仕事率」は機械工学では「動力」，物理学では「工率」と表されることが多い．

法*(fundamental method of measurement)，あるいは目的とする量と同種類の基準量と比べる比較測定(comparison measurement)がある．電気計測にかかわる基本測定法には，エアトン・ジョーンズ型のあるいはレイリ型電流ばかりによる電流測定，平行平板間の電位差と静電力の関係から電圧測定することなどがある．また，比較測定には標準電池や標準抵抗のような物的標準と比較して測定や校正を行う直接測定法と，測定量と一定の関係のあるいくつかの量について測定し，それらから計算によって測定値を出す間接測定法がある．比較測定では，国公立研究機関で維持している一次，二次標準とつながるトレーサビリティが重要である．電気の単位の基本測定法ならびに比較測定は教程11で説明する．

---

* この説明の用語としては，従来「絶対測定法」が用いられていた．使用の意味を明確にするために，JISでは，「基本測定法」と「定義測定法」に分けて定義されている．(JIS Z 8103-1990)

第2部 電気計器

教程2　電気計器一般

　　電圧や電流など電気量の測定には，指示電気計器や電子計測器が用いられる．前者の指示電気計器（meter）は，電気量を指針の振れなどによって直接指示する機器であり，後者の電子計測器は，電気量を電子回路によって増幅などした後表示する機器である．
　　この教程では，指示電気計器に共通する基礎的事項について述べる．

● 2.1　指示計器の分類 ●

　　電気計器の動作や特性を規定する日本工業規格JIS（Japanese Industrial Standard）によると，指示電気計器は次のように分類されている．

●a．確度による分類　　電流計，電圧計，電力計の場合，0.2級，0.5級，1.0級，1.5級，2.5級の5階級に分けられている．階級の数値は，許容誤差を示す．たとえば，図2.1に示すように，0.5級の計器であれば，定格値（最大目盛値）の±0.5％の誤差が有効測定範囲全体にわたって許容されていることになる．この値は指示値に関係なく一定である．

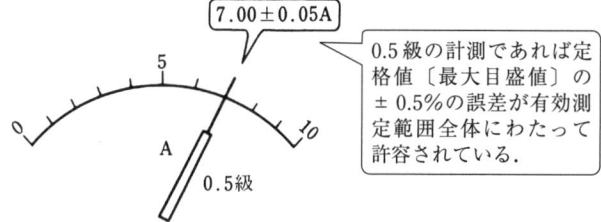

階　級	用　途
0.2	副標準用
0.5	精密測定用
1.0	一般測定用
1.5	一般測定用
2.5	工業用

図2.1　指示計器の許容誤差

●b．動作原理による分類　　指示電気計器を動作原理により分類すると，表2.1のようになる．表ではよく用いられているもののみあげている．

● 2.2　指示計器の3大構成要素 ●

　　指示計器は次の六つの要素から構成されている．すなわち，駆動装置，制御装

表2.1 動作原理による分類

形名	記号	動作原理	使用回路
永久磁石可動コイル形		電磁作用 (永久磁石の磁界とコイルを流れる電流との相互作用)	直流
整流形		整流作用	交流
電流力計形		電流間に働く力の作用	直流 交流
可動鉄片形		軟鉄に生じる磁気誘導作用 (コイル電流による磁界と軟鉄片との相互作用)	直流 交流
熱電形		熱起電力	直流 交流
静電形		静電気の吸引反発作用	直流 交流
誘導形		磁界とそれによって誘起される電流との相互作用	交流

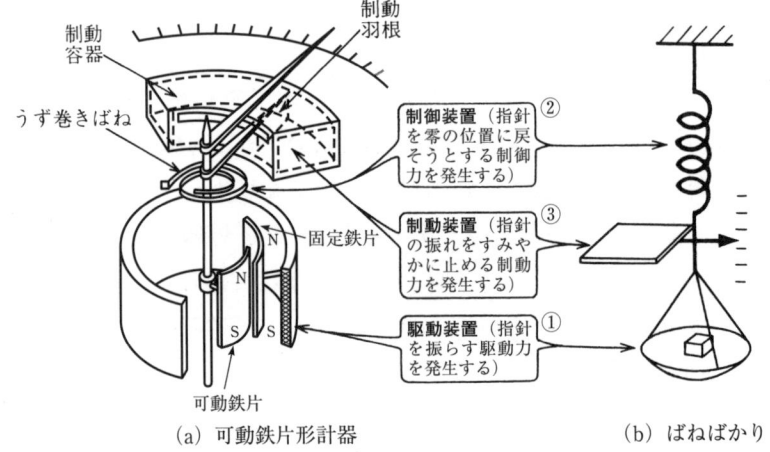

(a) 可動鉄片形計器　　　(b) ばねばかり

図2.2 指示計器の3要素

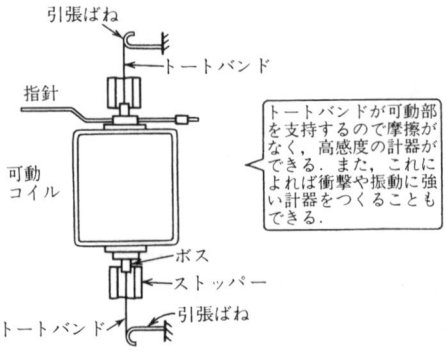

図2.3 制御装置（支持装置兼用トートバンド）

置，制動装置，支持装置，読取り装置，外箱などである．とくに，図2.2に示す，① 駆動装置，② 制御装置，③ 制動装置を指示計器の3要素という．次に，3要素について説明する．

● a．**駆動装置**（driving device）　これは測定量に応じて駆動トルクを発生させ，可動部を変位させる装置である．これには，図2.2に示したような磁極の反発力を利用するものや電荷間の力を利用するものなど，種々の方法がある．

● b．**制御装置**（controlling device）　可動部の変位に応じてこれを零位置に戻そうとする制御トルクを発生させ，可動部の変位を測定量に応じて制御する装置である．図2.3に示すようなトートバンドが多く用いられている．これによる制御トルク T_c〔Nm〕は，可動部の回転角を θ〔rad〕とすると，

$$T_c = \tau\theta \tag{2.1}$$

で表される．比例係数 τ はばねの寸法や弾性によって決まり，制御トルク係数 τ〔Nm/rad〕と呼ばれる．

● c．**制動装置**（damping device）　可動部をすみやかに所定の位置に静止させるために，制動トルクを発生する装置である．これには空気制動，電磁制動などがある．

1) **空気制動**：　図2.2(a)に示したような羽根が移動するときの空気抵抗を利用するものである．この場合の制動トルク T_d は回転速度 $d\theta/dt$ に比例し，

$$T_d = D d\theta/dt \tag{2.2}$$

で与えられる．D を制動トルク係数〔Nms/rad〕という．この値は羽の大きさなどによって決まる．

2) **電磁制動**：　磁界内でコイルが回転すると誘導電流が流れ，磁界との間に力が生じる．この力はコイルの運動を妨げる向きに働き，制動トルクとなる．

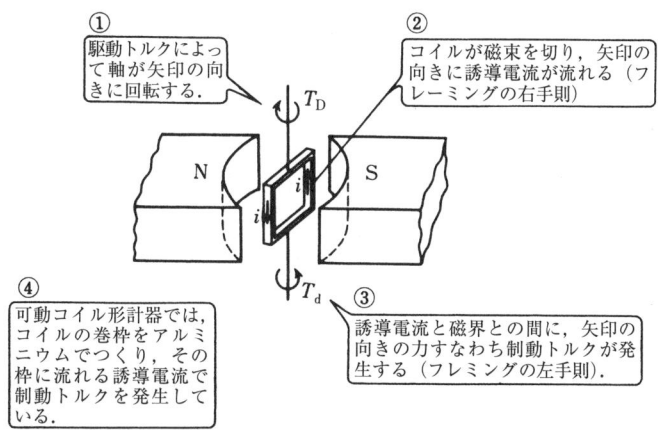

図2.4　電磁制動

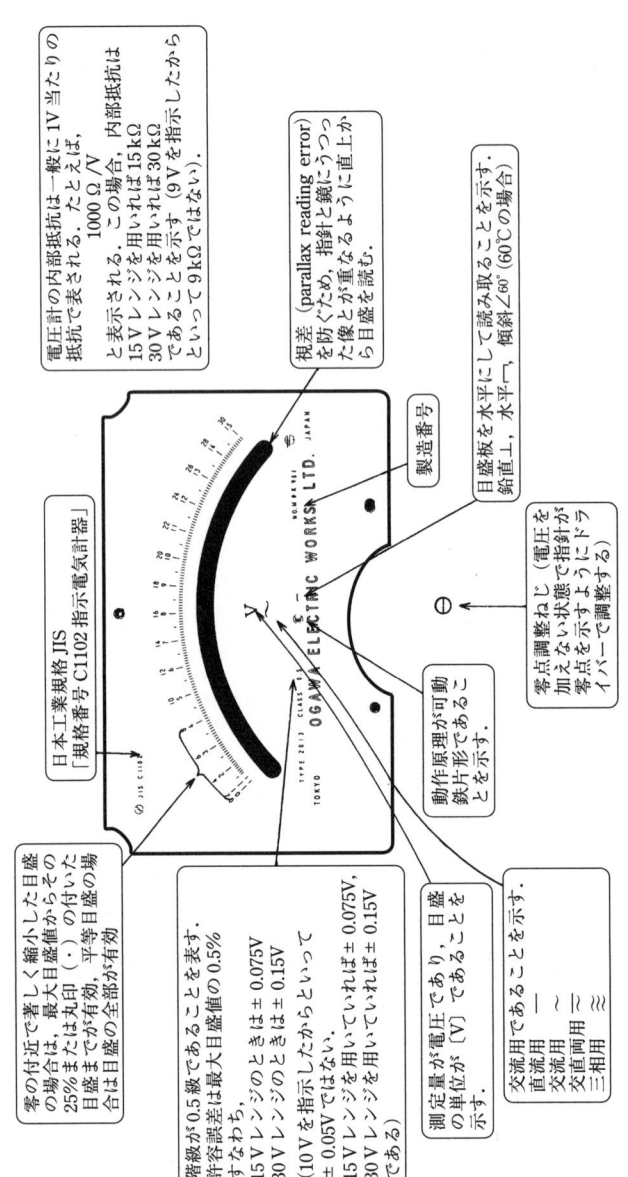

図2.5 目盛板に記載されている各種記号
交流電圧計，0.5級，可動鉄片形，携帯用，最大目盛15Vおよび30Vの目盛板の例

2.3 その他の構成要素

a. 支持装置 (pointer) 可動部を支持する装置で，図2.3に代表的なトートバンド支持方式を示す．

b. 目盛板 (scale plate) 目盛は，駆動装置と制御装置の組み合わせによって，平等目盛や不平等目盛になる．平等目盛が読みやすく望ましいが，抵抗計などの測定範囲の広い計器には対数目盛が有効である．目盛板に記載されている各種記号の意味を図2.5に示す．

教程3　可動コイル形計器

永久磁石可動コイル形計器 (permanent-magnet moving-coil type instrument) は，直流のみならず交直変換器と組み合わせて交流にも用いられる基本的な計器である．

3.1 原理と構造

図3.1に示すように磁界内に導線を置き，これに電流を流すと，導線にはフレミングの左手による上向きの力が働く．可動コイル形計器は，この電磁力を利用するものである．その大きさ f_D 〔N〕は磁束密度 B 〔T〕，導線の長さ l 〔m〕とすると電流 i 〔A〕に比例し，次式で表される．

$$f_D = Bli \text{ 〔N〕} \tag{3.1}$$

したがって，図3.2に示すように，放射状磁界内におかれた幅 b 〔m〕，高さ l 〔m〕，巻数 n の可動コイルに電流が流れた場合に働く瞬間駆動トルク t_D は

$$t_D = 半径 \times 力 = \frac{b}{2} \times (2 \cdot f_D \cdot n) = Blbni = Gi \text{ 〔Nm〕} \tag{3.2}$$

となる．ただし，$G=Blbn$ で，構造的に決まる係数である．可動部は慣性のため速い動きには追随できず，駆動トルクの平均値に比例して振れる．そして，平均

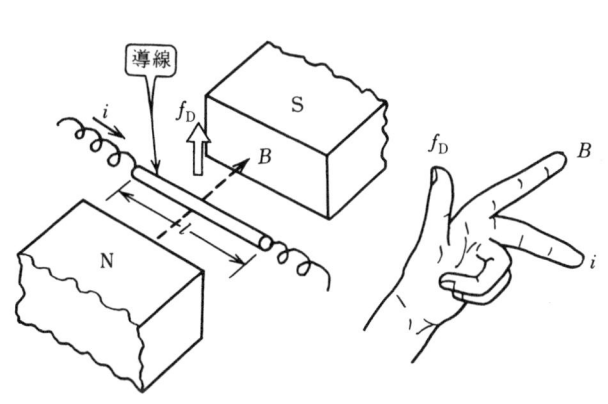

図3.1　可動コイル形計器の原理と構造

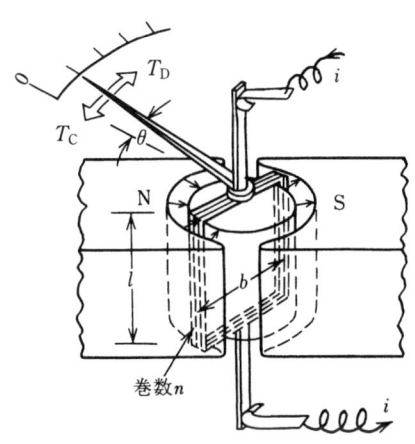

図3.2　放射状磁界内のコイル

駆動トルクと制御トルクが釣り合ったところで静止する．ここで平均駆動トルクは，式(3.2)より

$$T_D = \frac{1}{T}\int_0^T t_D dt = Blbn\frac{1}{T}\int_0^T i\,dt = BlbnI_a = GI_a \,〔\mathrm{Nm}〕 \quad (3.3)$$

電流の平均値 I_a

となる．制御トルクはばね制御の場合

$$T_C = \tau\theta \,〔\mathrm{Nm}〕 \quad (3.4)$$

との釣合いから，式(3.5)が得られる．

$$\theta = \frac{Blbn}{\tau}I_a = \frac{G}{\tau}I_a \,〔\mathrm{rad}〕 \quad (3.5)$$

式(3.5)から，指針の振れはコイルに流れる平均電流に比例することがわかる．このことから，**可動コイル形計器は平均値指示形計器**といわれる．式(3.5)からわかるように，振れ角は電流に正比例するので，目盛は平等目盛になる．制動には，コイルのアルミニウム枠による電磁制動を用いている．

● 3.2 分流器，倍率器 ●

電流計や電圧計は，基本計器に分流器や倍率器を組み合わせてつくられる．

● **a．分流器**　図3.3(a)は，可動コイル形計器に分流器 S を組み合わせて構成した電流計を示す．I_0 を基本計器の動作電流，r をコイルの抵抗とすると，測定できる最大電流 I は式(3.6)となる．I/I_0 を倍率という．

$$I = \frac{S+r}{S}I_0 \quad (3.6)$$

● **b．倍率器**　図3.3(b)のように基本計器に倍率器を組み合わせ，端子に電圧 V を加えると，基本計器に電流

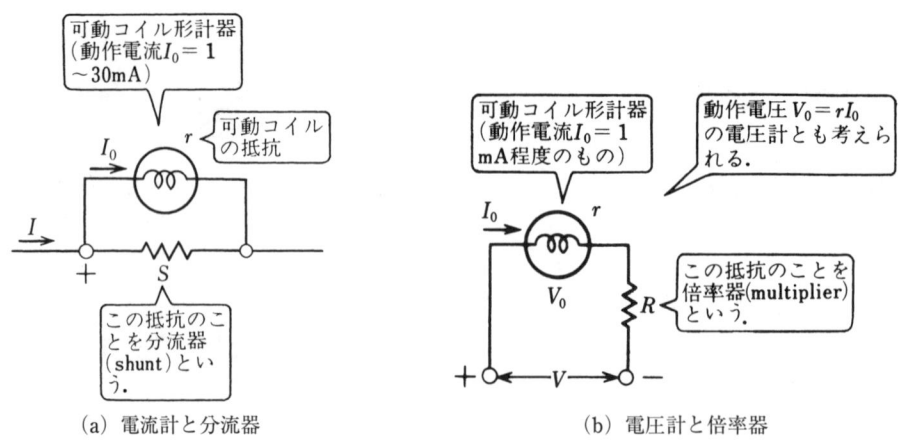

(a) 電流計と分流器　　　　　(b) 電圧計と倍率器

図3.3　分流器と倍率器

$$\frac{V}{R+r} \quad (3.7)$$

が流れる．基本計器を動作電圧が $V_0=rI_0$ なる電圧計と考えると，測定しうる最大電圧 V は

$$V=\frac{R+r}{r}V_0 \quad (3.8)$$

となる．V/V_0 を倍率という．

● 3.3 可動コイル形計器の特徴 ●

可動コイル形計器の特徴をまとめると，次のようになる．① 直流専用である，② 平均値形である，③ 平等目盛である，④ 外部磁界の影響が少ない（強い磁石の中にコイルが入っているから），⑤ 測定範囲が広い，⑥ 特性が安定している．

教程 4　整流形計器と熱電形計器

● 4.1　整　流　形　計　器 ●

可動コイル形計器は平等目盛で使いやすく，感度も高く特性も安定しているなど，多くの特長をもっている．しかし，そのままでは交流には使えない．そこで，整流器と組み合わせることによって，可動コイル形計器のもつ特長を交流の計測にも活かそうとしてつくられたのが整流形計器（rectifier type instrument）である．

●a．原理と構造　　整流形計器は，図 4.1 に示すように整流器と可動コイル形計器とを組み合わせたものである．整流器によって整流された電流が，可動コイル形計器に流れて指針を振らせる．

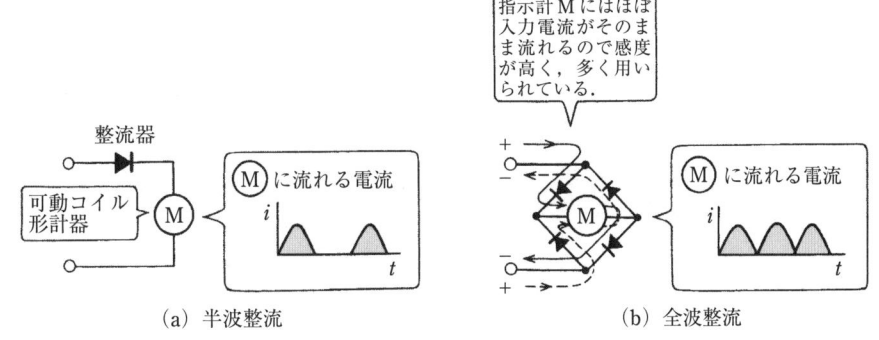

図 4.1　整流形計器の基本構成

●b．波形の影響　　交流の大きさは普通，実効値で表される．したがって，目盛は，利用度の高い正弦波を測定した場合に，実効値が表示されるように目盛られている．すなわち，指針は電流の平均値に比例して振れるが，目盛は実効値表示になっている．正弦波の場合，実効値と平均値との比（波形率）は 1.11 であるか

ら，流れた電流の平均値の1.11倍が表示されていることになる．

c．整流形計器の特徴　① 可動コイル形計器を用いているので，交流計器中最も感度が高い．② ほぼ平等目盛である．③ 周波数特性は熱電形計器の次に優れ，可聴周波数まで使用できる．④ 使用される基本計器は可動コイル形であるから，平均値形である．

4.2　熱電形計器

a．原理と構造　熱電形計器（thermoelectric type instrument）は熱電対（thermocouple）と可動コイル形計器とを組み合わせたものである．いま，図4.2において測ろうとする電流 I〔A〕を，抵抗 R〔Ω〕の熱線に流すと熱が発生し，熱電対の接合点を加熱し，低温接点（外気）との間に温度差を生じる．そのため，熱電対にゼーベック効果による起電力 E〔V〕が発生し，可動コイル形計器を動作させる．

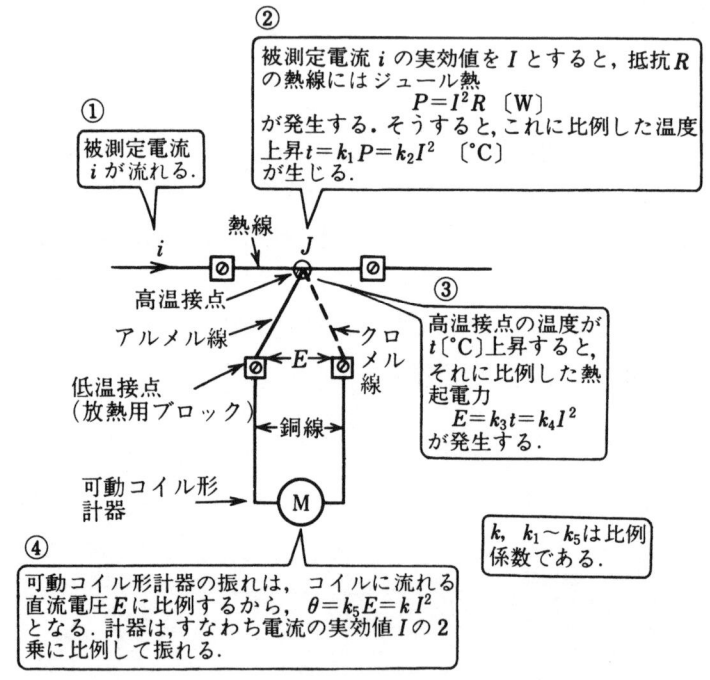

図4.2　熱電形計器の原理

b．熱電形計器の特徴　① 波形の影響：熱電形計器は，電流が熱線に流れたときのジュール熱を利用する実効値形計器であるから，波形の影響を受けない．② 熱線を短くしてインダクタンスを小さくできるので，高周波まで使用でき，放送周波数帯では独占的に使用されている．

教程 5　静電形計器と可動鉄片形計器

ここでは高圧測定に適する静電形計器と，構造が簡単で丈夫な可動鉄片形計器について述べる．

5.1　静電形計器（electrostatic type-instrument）

a. 動作原理　図5.1に示すように，二つの電極の間に電圧 v を加えると，電極に電荷が発生し，吸引力を生じる．静電形計器はこの力を利用して指針を振らせる．この吸引力すなわち駆動力は，**仮想変位の方法**によって求められ，次のように表される．

$$f_D = \frac{v^2}{2} \frac{dC}{dx} \tag{5.1}$$

dC/dx：可動電極が変位したときの静電容量の変化割合（図5.1参照）．

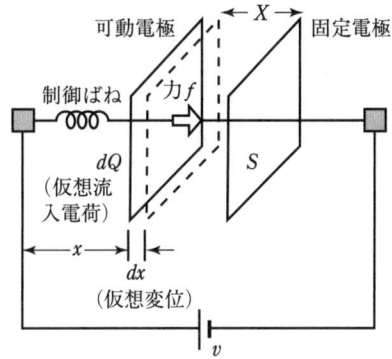

図5.1　静電形計器の原理

この駆動力は，図5.1に示す電極系についてのエネルギー保存則から求められる．いま，電圧を加えたとき，電極が平衡位置からばねの制御力に抗して dx だけ点線のように変位したとする．このときの電気エネルギー入力 dW_{in} は，可動電極の機械的仕事 dW と電極間の静電エネルギーの増加 dW_e とに変わる．すなわち，

$$dW_{in} = dW + dW_e \tag{5.2}$$

ここで，電気エネルギー入力 dW_{in} は被測定回路から供給されるもので，電極に流入する電荷量を dQ とすれば，電位の定義式 $v = dW_{in}/dQ$ から

$$dW_{in} = v dQ \tag{5.3}$$

となる．また電極間に蓄えられる静電エネルギー dW_e は，電磁気学の公式から

$$W_e = \frac{1}{2} Cv^2 = \frac{1}{2} vQ \quad \because Q = Cv \tag{5.4}$$

（C：電極間の静電容量）

であるから，電荷 dQ の流入による静電エネルギーの増加 dW_e は

$$dW_e = \frac{1}{2} v dQ \tag{5.5}$$

となる．

これらを式(5.2)に代入すると，可動電極を変位させるために必要なエネルギー

$$dW = dW_{in} - dW_e = vdQ - \frac{1}{2}vdQ = \frac{1}{2}vdQ = \frac{1}{2}v^2 dC \tag{5.6}$$

が得られる．これを（エネルギー）＝（力）×（距離）の関係，

$$dW = f \times dx \quad \therefore f = \frac{dW}{dx} \tag{5.7}$$

に代入すれば，吸引力すなわち駆動力を与える式(5.1)が得られる．

また，図5.2のような可動電極が回転する方式のものでは，駆動トルクはよく知られた関係

$$t_D = r \cdot f_D, \quad dx = r \cdot d\theta \tag{5.8}$$

(t_D：トルク，r：半径，f_D：力，dx：弧の長さ，$d\theta$：偏角（ラジアン））
を式(5.7)に代入することによって求められる．すなわち，

$$t_D = \frac{v^2}{2} \frac{dC}{d\theta} \tag{5.9}$$

となる．平均駆動トルク

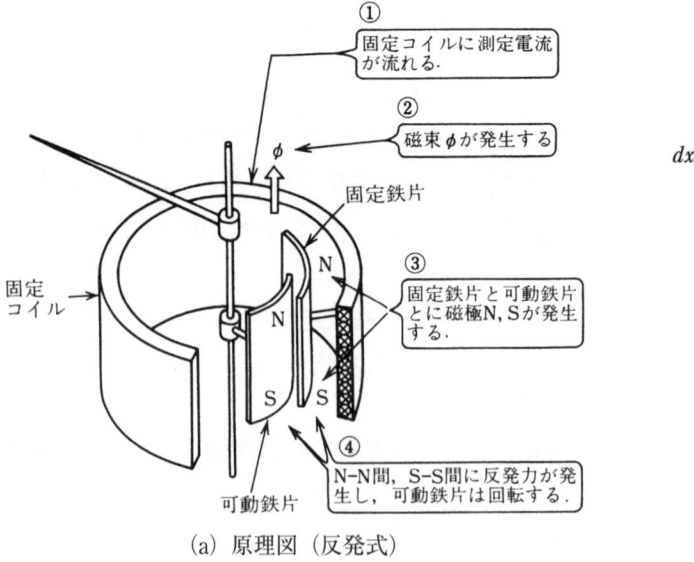
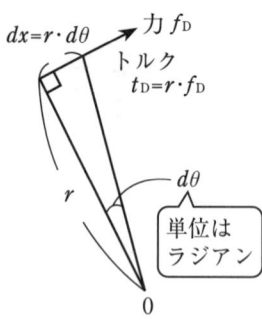

(a) 原理図（反発式）　　　　　　　　　(b) 力とトルクの関係

図5.2　可動鉄片形計器

$$T_{\mathrm{D}} = \frac{1}{T}\int_0^T t_{\mathrm{D}} dt = \frac{1}{2}\frac{dC}{d\theta}\frac{1}{T}\int_0^T v^2 dt \tag{5.10}$$

が制御トルクと平衡したところで静止する．ばね制御の場合，$T_{\mathrm{D}}=\tau\theta$ として，

$$\theta = \frac{1}{2\tau}\frac{dC}{d\theta}\frac{1}{T}\int_0^T v^2 dt = \frac{1}{2\tau}\frac{dC}{d\theta}\left\{\sqrt{\frac{1}{T}\int_0^T v^2 dt}\right\}^2 = \frac{1}{2\tau}\frac{dC}{d\theta}V^2 \tag{5.11}$$

が得られる．{ } 内は定義により実効値を示す．このように，振れ θ は電圧の実効値で決まるので，**静電形計器は実効値指示形**であることがわかる．

● b．**静電形計器の種類** 静電形計器には，図 5.1 のような可動電極が平行移動するものと，可動電極が回転する方式のものとがある．測定範囲は前者のアブラハム・ビラート形で 20～500 kV，後者のケルビン形で 2～5 kV である．

● c．**静電形計器の特徴** ① 直流の場合，最初に電荷を与えるための充電流が流れるが，以後は流れない．したがって，入力抵抗は無限大となり，この点では理想的な電圧計といえる．② トルクは電圧 V の 2 乗に比例し，実効値を指示する．③ 低電圧では駆動トルクが小さいので，もっぱら高圧用電圧計として，高圧試験室や電子顕微鏡，テレビなどの高圧測定に用いられている．

● **5.2 可動鉄片形計器**（moving iron instrument）●

● a．**原理と構造** 図 5.2 において固定コイルに電流 I を流すと磁界が発生し，固定鉄片と可動鉄片とに磁極を生じる．それらの間の反発力によって指針を振らせる．この反発力すなわち駆動力は，**仮想変位の方法**によって求められ，次のように表される．

$$t_{\mathrm{D}} = \frac{i^2}{2}\frac{dL}{d\theta} \tag{5.12}$$

となる．ただし，L はコイルのインダクタンスである．これは式 (5.3) と同形であるから，ばね制御の場合の指針の振れは式 (5.5) と同様に，

$$\theta = \frac{1}{2\tau}\frac{dL}{d\theta}I^2 \tag{5.13}$$

となる．このような可動鉄片形計器の振れは電流の実効値で決まるので，**実効値指示形**であることがわかる．

● b．**可動鉄片形計器の特徴** ① 可動部分に電流を導入する必要がないので，丈夫である．② 磁石を使用しないから，安価である．③ トルクは電流の 2 乗に比例し，実効値を指示する．

教程 6　電流力計形計器

電流力計形計器（electrodynamic instrument）は固定コイルと可動コイルに

流れる電流の間の相互作用で，駆動トルクを発生させる計器である．駆動トルクが両電流値の積に比例することを利用して電力計もつくられ，広く使用されている．

6.1 動作原理

図6.1に，電流力計形計器の動作の基本である電流力について説明している．2本の電線に電流を流すと，電流が同じ向きの場合には電線間に吸引力が，逆向きの場合には反発力が働く．

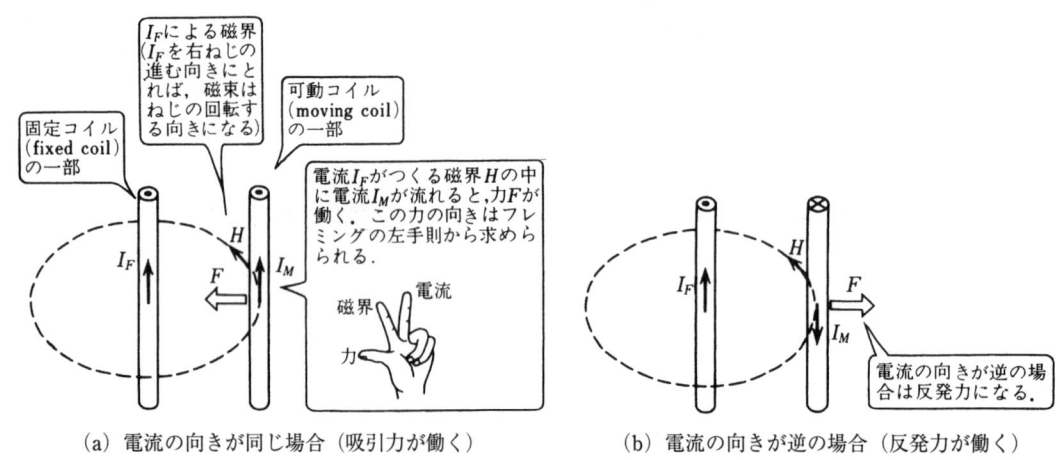

図6.1 電流間に働く電流力

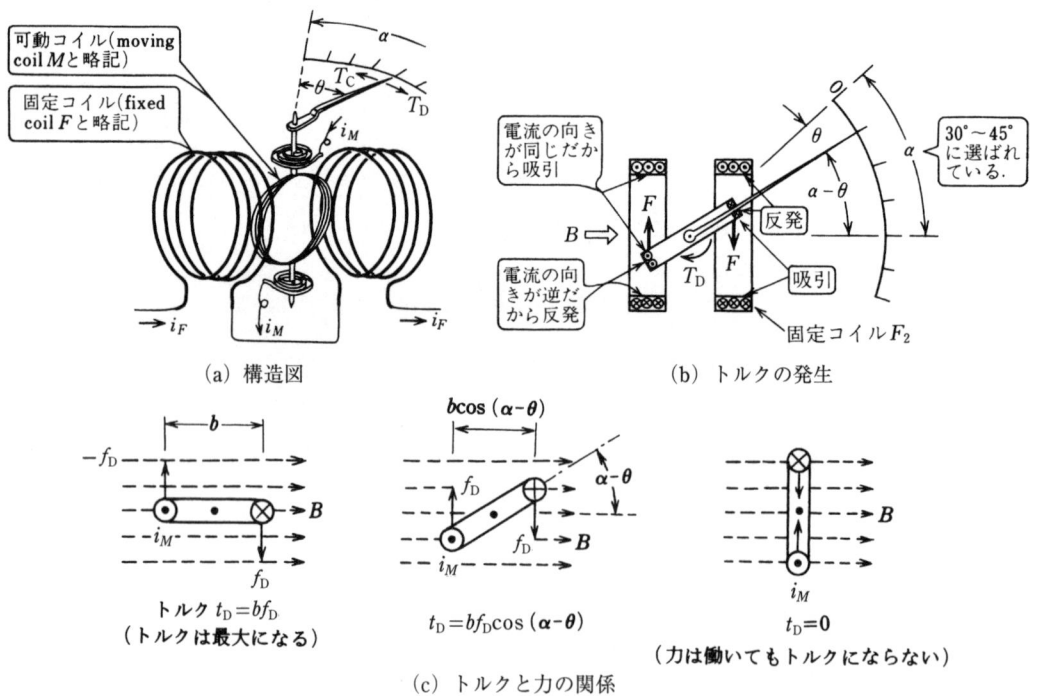

図6.2 電流力計形計器の原理

したがって，図6.2(a)のように，固定コイルと可動コイルとを配置して電流を流せば，図(b)に示すような力が電流相互間に働き，駆動トルクが発生する．電流力計形計器の名前は駆動トルクの源が，上記のように電流力にあると考えたことに由来するが，この計器の動作は次のような観点からも説明できる．

すなわち，図6.2(a)からわかるように，電流力計形計器は可動コイル形計器における永久磁石の代わりに，固定コイルによって磁界を発生させる一種の可動コイル形計器であると解釈できる．このように考えれば，磁束密度 B は固定コイルの電流 i_F に比例するから，可動コイルに流れる電流を i_M と書くと，駆動力は

$$f_D = k' i_F i_M \tag{6.1}$$

と書ける．ここで，図6.2(c)に示す力とトルクとの関係を用いれば，瞬時駆動トルクの式が得られる．すなわち，

$$t_D = k\cos(\alpha - \theta) i_F i_M \tag{6.2}$$

ただし，k'，k は比例係数である．これは，電流力計形計器の駆動トルクは両コイルの電流の積に比例することを示している．

平均駆動トルクは次のようになり，これが制御トルクと平衡し指示値が決まる．

$$T_D = k\cos(\alpha - \theta) \frac{1}{T} \int_0^T i_F i_M dt \tag{6.3}$$

とくに，可動コイルに正弦波電流を，また，固定コイルにそれより ϕ だけ位相の遅れた正弦波電流を流した場合には，

$$T_D = k\cos(\alpha - \theta) I_F I_M \cos\phi \tag{6.4}$$

となる．

6.2 電流計，電圧計および電力計

電流力計形計器は誤差の原因となるダイオードなどを使用しないので交直誤差が小さく，直流の標準電池で正確に目盛定めができるので，商用周波交流の副標準器（0.2級）または**交直流比較器**（ac-dc comparator）として有用である．

a. 電流力計形電流計

図6.3(a)のように固定コイルと可動コイルとを直列に接続すると，$I_F = I_M = I$，$\phi = 0$ となり，平均駆動トルクは式(6.4)から，

$$T_D = k\cos(\alpha - \theta) I^2 \quad \left(I \text{ は実効値}, \ I = \sqrt{\frac{1}{T}\int_0^T i^2 dt} \right) \tag{6.5}$$

となる．また，ばね制御を用いた場合には $T_C = \tau\theta$ であるから，指針の振れは $T_C = T_D$ として

$$\theta = \frac{k}{\tau}\cos(\alpha - \theta) I^2 \tag{6.6}$$

となる．したがって，振れは実効値で決まるので，**電流力計形計器は実効値形の計器**であることがわかる．

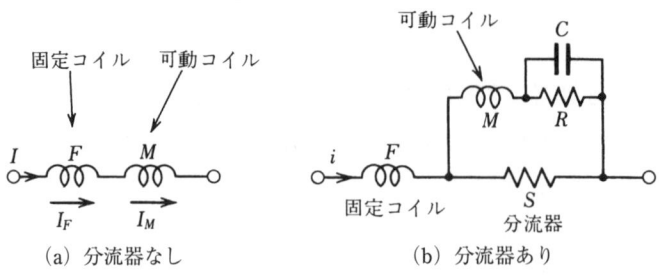

図6.3 電流力計形電流計

● b. 電流力計形電力計　図6.4のように可動コイルに直列抵抗を加えて全抵抗を R とし，負荷の端子電圧 v に比例する電流 v/R を，また，固定コイルに負荷電流 i を流せば，平均駆動トルクは，式(6.3)から，$i_M=v/R$, $i_F=I$ として，

$$T_\mathrm{D}=\frac{k}{R}\cos(\alpha-\theta)\cdot\underbrace{\frac{1}{T}\int_0^T ivdt}_{\text{電力}P}=\frac{k}{R}\cos(\alpha-\theta)\cdot P \tag{6.7}$$

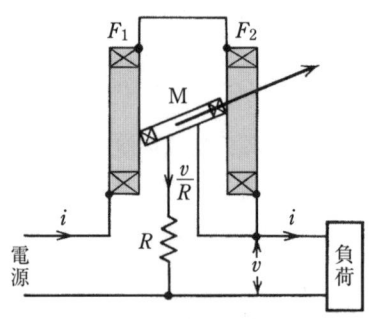

図6.4 電流力計形電力計

となる．すなわち駆動トルクは電力 P に比例するので，電流力計形計器は電力計として使用できることがわかる．

● 6.3　電流力計形計器の特徴 ●

① 実効値指示形であり，副標準器あるいは高精度の交直流比較器として用いられる．② 電流計，電圧計はほぼ2乗目盛，電力計はほぼ平等目盛である．③ 外部磁界の影響を受けやすい．

教程7　誘導形計器

● 7.1　原 理 と 構 造 ●

図7.1に示すように，永久磁石を可動金属円筒の周囲に沿って回転させると，円筒は磁石について回転する．誘導形計器（induction type instrument）はこの

教程7 誘導形計器

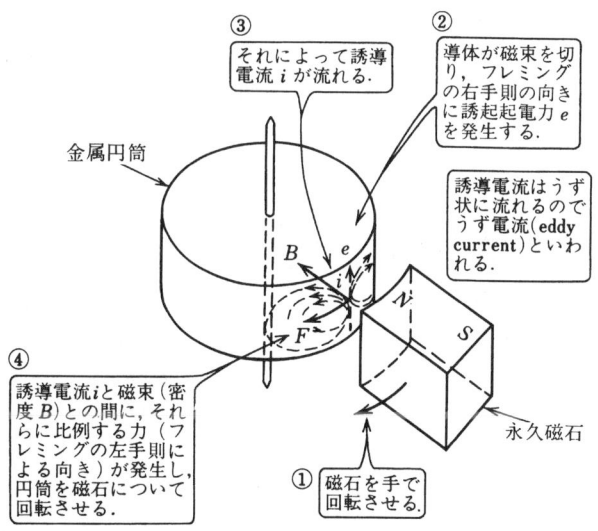

図7.1 誘導形計器の原理

原理を利用したものである．磁石を円周に沿って回転させる代わりに，実際には磁界を電気的に回転または移動させる．図7.2は，直交する二つのコイルに，90度位相の異なった電流を流して回転磁界を得る方法を示している．図7.3は，二つのコイルに位相の異なった電流を流して移動磁界を発生させ，駆動させる方法を示している．

移動磁界式において，円板をよぎる二つの磁束の実効値の大きさを ϕ_1，ϕ_2 と

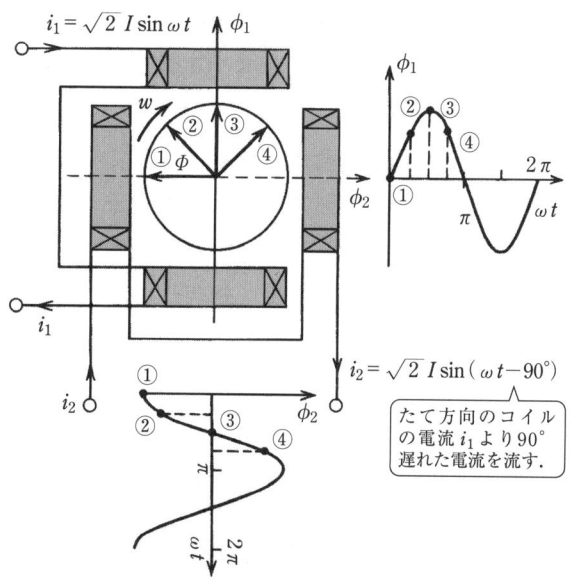

図7.2 電気的に回転磁界をつくる方法

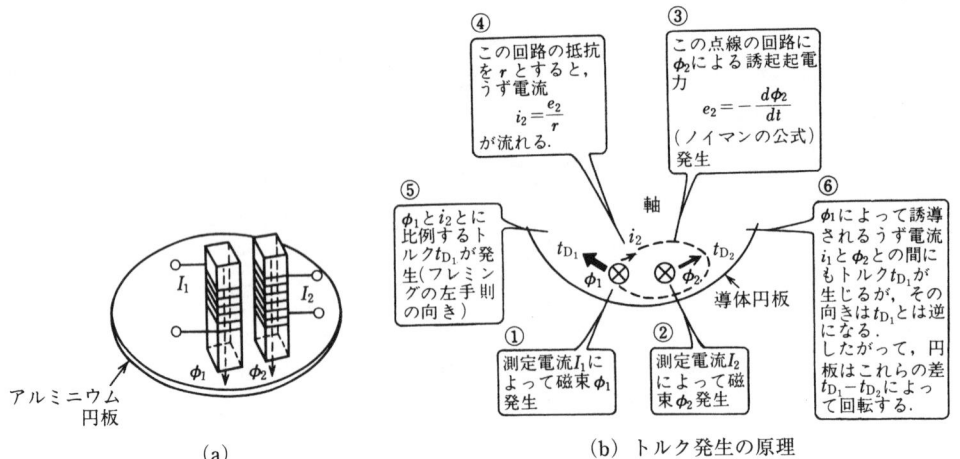

図7.3 移動磁界式計器の原理

し,位相差を β とすれば,発生する平均駆動トルクは

$$T_D = kI\omega\phi_1\phi_2 \sin\beta \quad (磁束の実効値 \phi_1, \phi_2 で表したトルク) \quad (7.1)$$

となる.ここで,kI:比例定数,β:ϕ_1 と ϕ_2 との位相差.

これが誘導形計器の駆動トルクの基本式である.この式から,**誘導形計器の平均駆動トルクは円板をよぎる二つの磁束の実効値の相乗積 $\phi_1\phi_2$ と,それらの間の位相差の正弦 $\sin\beta$ に比例する**ことがわかる.ところで,磁束 ϕ_1,ϕ_2 はそれぞれの励磁コイルの電流 I_1,I_2 に比例するので,ϕ_1 と ϕ_2 との位相差を I_1 と I_2 との位相差に等しくすると,式(7.1)は次のように書ける.ただし k_2 は比例定数である.

$$T_D = k_2\omega I_1 I_2 \sin\beta \quad (電流の実効値 I_1, I_2 で表したトルク) \quad (7.2)$$

この式から,**誘導形計器の平均駆動トルクは励磁コイルに流れる電流の実効値の相乗積 $I_1 I_2$ と,I_1 と I_2 の位相差の正弦 $\sin\beta$ に比例する**ことがわかる.

7.2 誘導形電力計

電力計として用いる場合は,電流コイルに負荷電流 I を流し $I_C = I$ とし,電圧コイルには,そのインダクタンス L を大きくして負荷電圧 V より $\pi/2$ 遅れた電流 $I_P = v/(\omega L)$ が流れるようにする.負荷の力率角を φ とすれば,ベクトル図は(c)のようになる.この関係を式(7.2)に入れれば,

$$T_D = \frac{k^2}{L} IV \sin\left(\frac{\pi}{2} - \varphi\right) = \frac{k^2}{L} IV \cos\varphi \quad (7.3)$$

となり,**駆動トルクは負荷電力 $P = IV\cos\varphi$ に比例する**ことがわかる.制御トルクが $T_C = \tau\theta$ の場合,

$$\theta = \frac{k^2}{\tau L} \underbrace{IV\cos\varphi}_{電力} \quad (7.4)$$

となり，**電力計の場合は平等目盛になる**ことがわかる．

7.3 誘導形計器の特徴

① 構造上広い目盛範囲にわたって駆動トルクが働くので，広角度目盛の計器が製作できる．② 円板は連続的に回転させることができ，駆動トルクは電力に比例するので，電力量計に最適である．

教程 8　検 流 計

検流計（galvanometer）は微小な電流・電圧の検出に使用されるものである．たとえば，抵抗測定用ブリッジや電位差計の平衡検出用，応用計測機器の指示計として用いられる．

8.1 可動コイル形直流検流計

a. 原理と構造　可動コイル形検流計は可動コイル形計器の感度を著しく高くしたものである．したがって，動作原理は可動コイル形計器と同様であり，可動部の振れは

$$\theta = \frac{Blbn}{\tau} I_a \tag{8.1}$$

で表される．感度を高めるには分子を大きく，分母を小さくすればよく，検流計では，

① 制御トルク τ を小さくするため，非常に細いつり線で可動部をつるしている．

② 可動コイルの巻線は極細（径 0.015 mm 程度のエナメル線が得られるようになった）の銅線を使用し，巻数 n を多くしている．

図 8.1　横河 M&C 株式会社　指針検流計 270800 型

図 8.2　横河 M&C 株式会社　エレクトロニック検流計 270710 型

b. 仕様例

横河 M&C 株式会社　指針検流計 270800 型

電流感度 ： 0.9 μA/div　±10 %

電圧感度 ： 270 μV/div　±15 %

応答時間 ： 約 2 s

外部臨界抵抗 ： 約 200 Ω

8.2　エレクトロニック検流計

a. 原理と構造
増幅器と mA 電流計などを併用した電子的なものである．

b. 仕様例

横河 M&C 株式会社　エレクトロニック検流計 270710 型

最高感度 ： 10 μV/div

最大目盛 ： ±250 μV

入力抵抗 ： 約 9 kΩ

応答時間 ： 約 3 s

8.3　検流計用分流器

検流計の測定範囲の拡大には，一般に分流器が用いられる．検流計についても電流計のものと同様な分流器（図 8.3 (a)）が使用できるが，通常，図 8.3 (b) に示すような，分流器が用いられる．

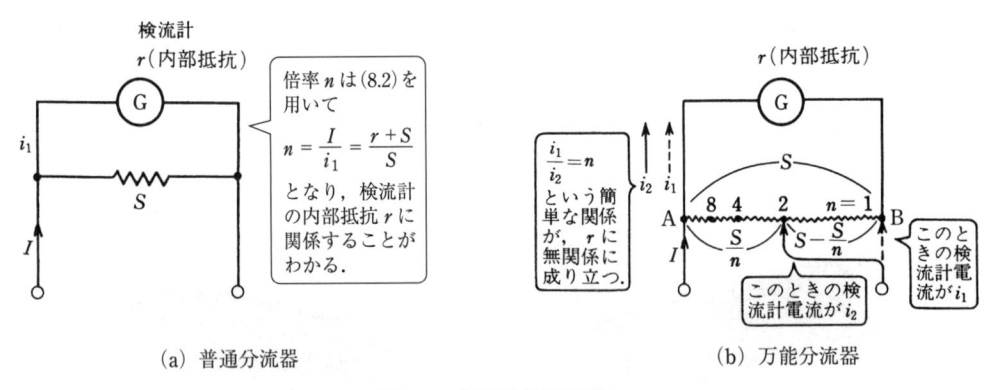

図 8.3　検流計用分流器

さて，図 (b) に示す分流器の接点を，抵抗 S の右端（点 B）に置いたときの検流計電流 i_1 は

$$i_1 = \frac{S}{r+S} I \tag{8.2}$$

となる．ただし，S は分流器の全抵抗，r は検流計の内部抵抗である．また，分流器の接点を抵抗 S の左端より S/n の位置に移したときの検流計電流 i_2 は，

$$i_2 = \frac{S/n}{r+S} I = \frac{i_1}{n} \tag{8.3}$$

となる．すなわち，接点を例の位置に置いたときの検流計電流 i_2 は，接点を点 B ($n=1$) に置いたときの検流計電流 i_1 の $1/n$ になることがわかる．この n を倍率比という．n の値は接続する検流計の内部抵抗に無関係に目盛れるので，この分流器はいかなる抵抗の検流計にも使用できる．この意味で，この分流器は**万能分流器**（universal shunt）と呼ばれる．

(b) の分流器では，抵抗 R によって，S との合成抵抗が検流計の**外部臨界制動抵抗**に等しくなるように調整できるという特長をもっている．そのため，この分流器は超万能分流器と呼ばれている．

教程9　積算計器と計器用変成器

積算計器は被測定電気量の瞬時値を一定時間加算する計器で，回転子を被測定量に比例した速度で回転させ，一定時間中の回転量から積算量を求めるものである．また，**計器用変成器**は計器の測定範囲を拡張するためのもので，それには高電圧を低電圧に変換する**計器用変圧器**と大電流を小電流に変換する**計器用変流器**とがある．

9.1　積算計器 (integrating instrument)

ここでは，家庭にも取り付けられている交流電力量計（watt-hour meter）について述べる．

1) **電力量の単位**：　電力の商取引では，使用した電力のエネルギー（電力量，電力の積分値）を問題にする．1秒間当たりに運ばれる電力エネルギー〔J/s〕，すなわち電力〔W〕は

$$p = vi \, [\text{W}] \tag{9.1}$$

と定義されているから，T 秒間に運ばれるエネルギー〔J〕，すなわち電力量〔Ws〕は

$$P = \int_0^T p\,dt = \int_0^T vi\,dt \, [\text{Ws}] \tag{9.2}$$

となる．実際の商取引には，取扱いが容易な次の単位が使用される．

　1〔kWh〕：1 kW の器具を1時間使用したときの消費電力量

　例：100 V，10 A の電熱器を毎日2時間1カ月使用したときの電力量は
　　　$W = 100 \times 10 \times 2 \times 30 = 60{,}000$〔Wh〕$= 60$〔kWh〕

2) **原　理**：　図9.1に誘導形交流電力量計（induction type watt-hour meter）を示す．図において，負荷電流 I は電流コイルに流れて磁束 Φ_C をつくり，負荷電圧は電圧コイルに加わって磁束 Φ_P をつくる．ここにアルミニウム円板を置

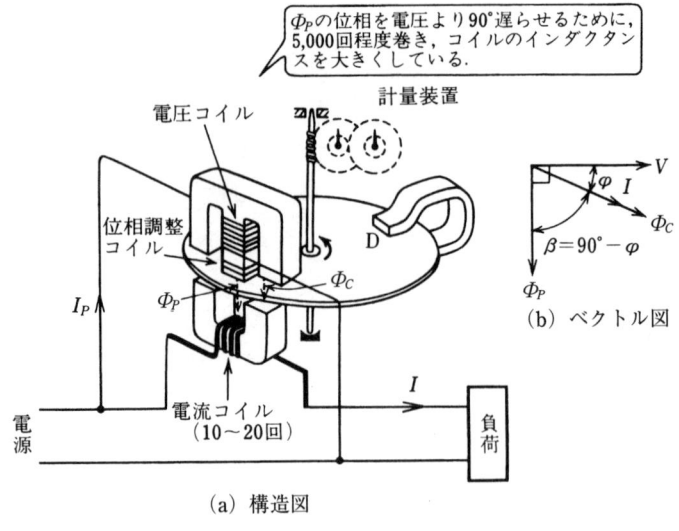

Φ_Pの位相を電圧より90°遅らせるために，5,000回程度巻き，コイルのインダクタンスを大きくしている．

図9.1 誘導形電力量計
(a) 構造図
(b) ベクトル図

き，$\varPhi_P$ を電圧より 90° 位相が遅れるように調整すれば，円板に働くトルクは

$$T_D = k_1 \varPhi_P \varPhi_C \sin\beta = k_1 \varPhi_P \varPhi_C \sin(90° - \varphi) = k_2 \underbrace{VI\cos\varphi}_{電力} \tag{9.3}$$

β：$\varPhi_P$ と $\varPhi_C$ の間の位相差 $=(90°-\phi)$ （図9.1(b) 参照）

すなわち，電力に比例する．一方，図のようなうず電流制御装置（うず電流制動と同じ原理）により回転数に比例した制御トルク $T_C = k_3 d\theta/dt$ を与えると，$T_D = T_C$ の関係を保ちながら回転する．すなわち，円板は電力に比例した速度

$$\frac{d\theta}{dt} = k_4 VI \cos\varphi \tag{9.4}$$

で回転する．これを歯車で減速して計量装置に伝えれば，電力を積算できることになる．ここで，$k_1 \sim k_4$ は比例係数である．

9.2 計器用変成器（instrument transformer）

計器用変成器は測定範囲を拡張するほかに，計器を高圧回路から絶縁し，取扱いの安全を計る目的にも用いられる．そのため高圧用では，一次・二次の接触事故を考えて，二次側を接地するよう規定されている．

a. 変流器（current transformer, CT）

1) **変流比と巻数比**（current ratio and turn ratio）： 図9.2(a)に変流器（CT）の原理図を，(b)に記号を示す．一次，二次巻数をそれぞれ n_1, n_2，電流をそれぞれ I_1, I_2 とすると，理想的なCTの場合

$$\frac{I_1}{I_2} = \frac{n_2}{n_1} \tag{9.5}$$

となる．この場合 I_1/I_2 を変流比といい，n_2/n_1 をＣＴの巻数比という．

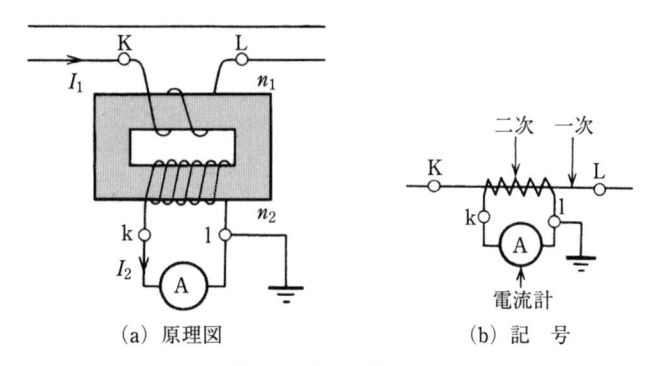

図9.2 計器用変流器

2) **位相角**（phase displacement）： 図9.2に示す端子Kとk，Lとlの極性はそれぞれ同じで，理想的にはK端子から流入した一次電流I_1とk端子から流出する二次電流I_2とは同相になる．しかし，実際には励磁電流などのために位相差θが生じる．これを**変流器の位相角**と呼び，二次電流が進む場合を正とする．

3) **二次側開放の禁止**： ＣＴでは二次側が電流計で短絡されているか，あるいは開放であるかにかかわらず，常に一次側には一定負荷電流が流れている．二次側に電流が流れている場合には，式(9.5)からわかるように，

$$n_1 I_1 = n_2 I_2 \tag{9.6}$$

（$n_1 I_1$：一次コイルの起磁力，$n_2 I_2$：二次コイルの起磁力）
が成立している．すなわち，一次と二次の起磁力は平衡して互いに打ち消しあって，鉄心の起磁力はきわめて小さい磁化電流によるものだけになっている．しかし，ここで二次側が開放されたとすると，一次側の起磁力だけが残り，鉄心の磁束は飽和し，急峻なせん頭波電圧を発生する．このようになると，絶縁が破壊したり，過大なうず電流によるジュール熱などで温度上昇をきたす．したがって，一次側に電流を流したままで，電流計を取り外したり接続換えをする場合には，二次側は必ず短絡するようにしなければならない．変圧器の場合には，一次電流は二次側のインピーダンスに依存し，使用中に二次側を短絡すると，過電流が流れて変圧器を破損する．このことは変流器の場合と逆であるから，とくに注意を要する．

● b. **変圧器**（potential transformer, PT）　図9.3(a)に変圧器（PT）の原理図を，(b)に記号を示す．一次，二次巻数をそれぞれn_1，n_2，電圧をそれぞれV_1，V_2とすると，理想的なPTの場合

$$\frac{V_1}{V_2} = \frac{n_1}{n_2} \tag{9.7}$$

となって変圧比（voltage ratio）V_1/V_2は巻数比n_1/n_2に一致する．しかし，実際には漏れ磁束や巻線抵抗のため，二次電圧V_2は巻数比で定まる値より若干低

(a) 原理図　　　(b) 記号

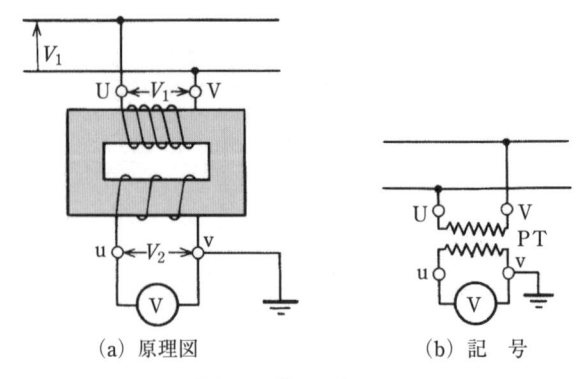

図9.3　計器用変圧器

くなる．これを補正するために，一次巻数 n_1 の巻戻しをしている．

教程10　電位差計

電位差計 (potentiometer) には，直流電位差計と交流電位差計がある．後者は位相調整が必要になるほかは，電源に交流を，検流計に交流検流計を使用すればよく，動作原理は直流電位差計と変わらない．

ここでは，一般的に市販されている直流電位差計について解説する．

● a．**電位差計の特徴**　　直流電位差計は二つの大きな特長をもっている．すなわち第一は指示計器では不可能な高精度測定が可能である．第二は被測定回路から電流を取らず，したがって，回路状態を乱すことなく測定しうることである．欠点は，指示計器に比べて装置が大掛かりで高価なことである．

1) **第一の特長：**　直流電位差計の第一の特長は，直流電位差計が標準電池または標準電圧発生器の高精度な電圧と比較して，直流の電位差を測定するいわゆる零位法による測定であることに基づいている．これによって，通常の指示計器では不可能な有効数字5～6桁の高精度な測定が可能になる．

2) **第二の特長：**　直流電位差計の第二の特長は，可変電圧と被測定電圧との間で平衡が取られたとき，被測定回路から電流を取らないという零位法の特長に基づく．平衡時，被測定回路から電流を取らないということは，入力抵抗が∞の電圧計と見なせる．したがって，電位差計によれば回路の電圧分布など回路状態を乱すことなく測定しうる．

● b．**動作原理**　　図10.1は直流電位差計の原理図である．図において，補助電池 E から抵抗 R を通して習動抵抗 ab に既定の電流 I_0 を流し，ab 間に既知の電位分布をつくる．これと未知電圧 E_x とを比較して，それらが等しくなる点を求め，その点の目盛から未知電圧の値を知るものである．

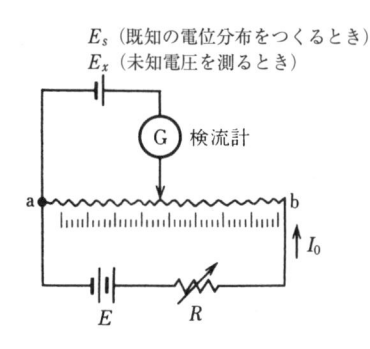

図10.1 直流電位差計の原理

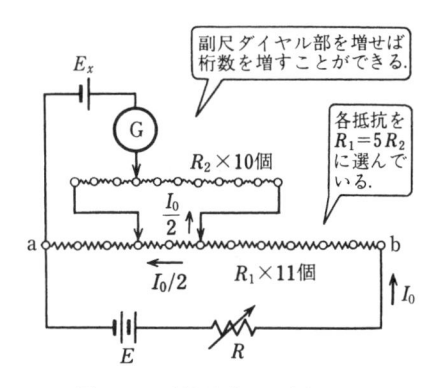

図10.2 電位差計の可変抵抗器

<摺動抵抗に沿って既知の電位分布をつくる方法>

まず，図10.1のように標準電池 E_s をつなぎ，摺動子の目盛をその起電力の値に合わせる．そして抵抗 R を加減して検流計の振れが零になるように平衡を取る．そうすると，摺動抵抗には既定の電流 I_0 が流れ，摺動抵抗 ab に沿って目盛通りの電位が発生する．標準電池の起電力は20℃において1.01864 V である．現在では標準電池の代わりに，取り扱いやすい標準電圧発生器が多用されている．

図10.2は可変抵抗部の構成例を示す．図において $R_1=5R_2$ に選べば，上部抵抗の1目盛の電圧は，下部抵抗の1目盛の電圧の 1/10 となる．したがって，上部抵抗は下部抵抗の次の桁を与える．同様にして，次々に上部抵抗を付加することによって所望の桁数が実現できる．

● c. 仕　様

1) **電位差計**（山菱電機(株)製 YP-4B）：

電圧範囲：0～1.6 V

分解能：500 μV

図10.3 電位差計（山菱電機(株)製 YP-4B）

確度：第一ダイヤル　±0.1％
　　　　第二ダイヤル　±200 μV

回路電流：10 mA

2) **精密級直流電位差計**（横河電機製 type 2722）：

測定範囲：−10〔μV〕〜+1.6111〔V〕（有効4桁以上）

総合確度：
　　1.5〔V〕レンジ…　±(0.01〔％〕+10〔μV〕)
　　0.15〔V〕レンジ…　±(0.02〔％〕+ 1〔μV〕)

回路電流：27.5〔mA〕

確度が±200 μV＝±0.0002 V の場合，測定値が1.1234 V であれば，最後の4の値が不確実である．

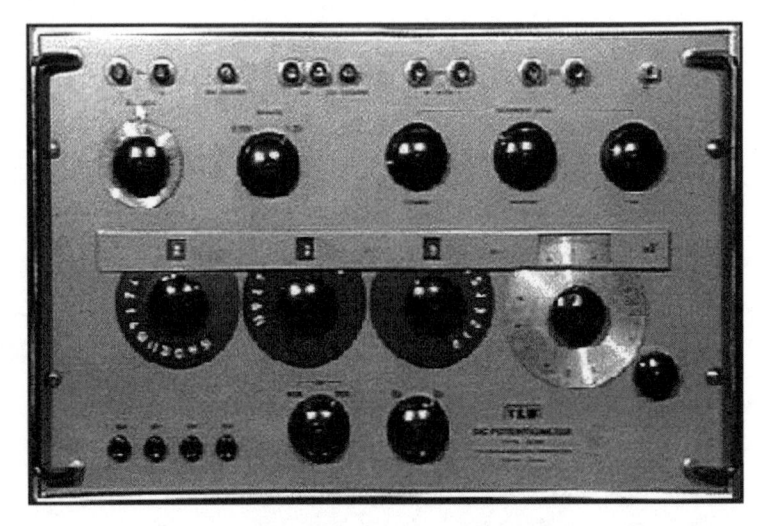

図10.4　精密級直流電位差計（横河電機製 type 2722）

文　献

1) 新妻，中鉢 "電気・電子計測"，朝倉書店 (1991)．
2) 田所 "計測センサ工学"，オーム社 (2003)．
3) 江端，西村 "入門電気・電子計測"，朝倉書店 (2000)．
4) 中根，渡辺，葛谷，山崎 "わかる電子計測"，日新出版 (2001)．
5) 内藤，日野 "電気計測"，朝倉書店 (1973)．
6) 菅，玉野，井出，米沢 "電気・電子計測"，朝倉書店 (1996)．

第3部 電気測定法

教程11　測定法の分類

● 11.1　直接測定と間接測定 ●

　　　測定量をそれと同種類の基準として用いる量と比較して行う測定を直接測定（direct measurement）という．物の長さを物差しで測る場合，電池電圧を電圧計の振れから直読する場合などが，この測定法の例にあげられる．

　これに対し，測定量と一定の関係にあるいくつかの互いに独立な量について測定し，その結果から計算によって測定値を導き出す方法を間接測定（indirect measurement）という．たとえば，電圧と電流を測定し計算から抵抗を求める，あるいは抵抗中に流れる電流を測定して抵抗中の消費電力を求める場合などが，この測定法に分類される．

　　　電池の電圧を，電圧計の振れから直読

　　　電圧と電流を測定し，計算から抵抗を求める．

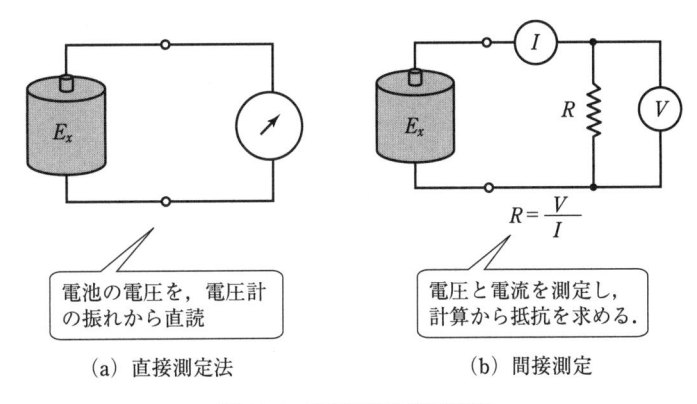

$$R = \frac{V}{I}$$

（a）直接測定法　　　　　　　（b）間接測定

図 11.1　直接測定と間接測定

● 11.2　偏位法と差動法 ●

　　　測定法は偏位法と差動法とに大別できる．JIS では測定法は図 11.2 のように偏位法と零位法に区分されている*．零位法は操作法で分類すると，同種類の 2 量の作用の差を利用した方式の一つと見ることができることから，本書では差動法

---

* JIS Z 8103「計測用語」の「解説」では，両者は並べて比較説明されている．また，差動法は零位法と分けて説明されている．

に含め説明する．

● a．**偏位法**（deflection method） 測定量を指針の振れなどに直して読み取る方法を偏位法という．指示計器や電力量計などが，この方法の例である．

● b．**差動法**（differential method） 同種類の2量の作用の差を利用して測定する方法である．操作の方法によって，さらに置換法，補償法，零位法に分類できる．

  1) **置換法**（substitution method）： 図 11.3 のように，測定量と既知量とを置き換えて，2回の測定結果から測定量を知る方法である．

  2) **補償法**（compensation method）： 測定量からそれにほぼ等しい既知量

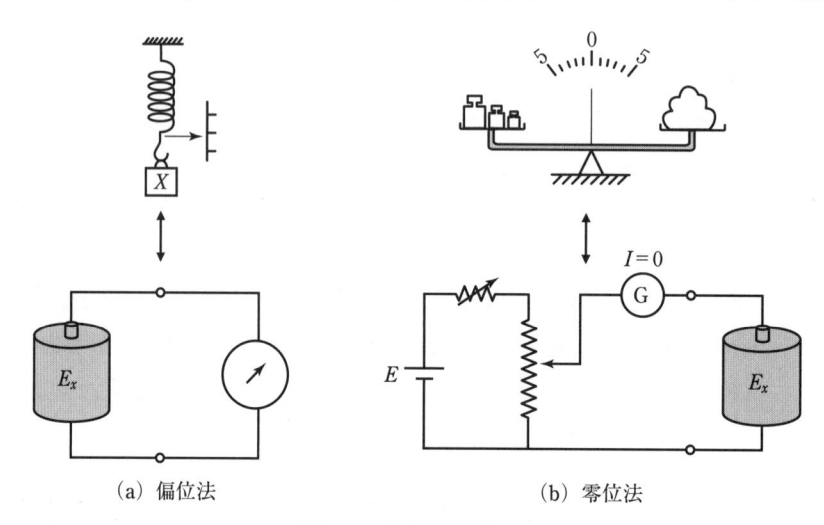

(a) 偏位法　　　　　　　　　　(b) 零位法

図 11.2　偏位法と零位法

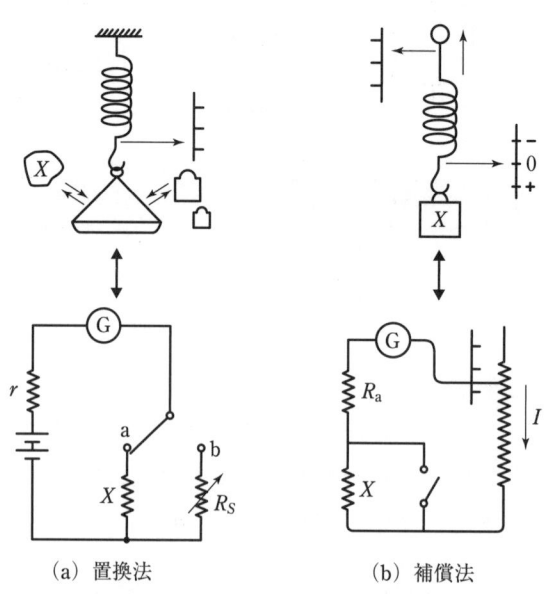

(a) 置換法　　　　　　　　　　(b) 補償法

図 11.3　置換法と補償法（抵抗測定）

を引き去り，その差を測って測定量を知る方法である．

3) **零位法**（null method, zero method）： 測定量とは別に大きさを調整できる既知標準量を用意し，これを測定量と平衡させ，標準量の大きさから測定量を知る方法である． 電位差計やブリッジなどはこの例である．

偏位法は零位法に比較して操作が簡単である．精度の点からは，偏位法は目盛で精度が決まるのに対し，零位法は平衡を見る検出器の感度さえ高ければ標準量の正確さで精度が決定され，偏位法より精度が高い．また，零位法は平衡後，測定対象からエネルギーを取らないので測定量を乱すことがない．たとえば，電位差計による電圧測定では未知の電位と既知の電位が平衡したとき，その回路には電流は流れない．したがって，電位測定値に内部抵抗の影響がなく，理想的に電位そのものが測定できる．

偏位法では指針などを駆動させるトルクの発生が必要であるため，そのエネルギーを測定量から補う必要がある．偏位法で想定するときは，測定値にその影響が誤差として現れることに留意しなければならない．

11.3 電気単位の基本測定

電気の諸量の測定には，標準器により具体的に定められた単位を使用する．電気の単位を定義（1.2節参照）に従って決定する測定を，電気単位の基本測定法（fundamental method of measurement）と呼び，抵抗と電流はこれにより測定される．抵抗の基本測定にはブリッジが，また電流の基本測定には**電流秤**（ampere balance）が使用される．抵抗（Ω：オーム）と電流（A：アンペア）の単位が正確に定まれば，これから電圧（V：ボルト）が定まり，順次他の電気単位が決定できる．

電気単位の基本測定は費用と手数が多くかかるので，どの国でも国立研究所で行われており，わが国では独立行政法人産業技術総合研究所* が単位維持を担っている．測定された単位は各国の間で比較検討され，国によって値が違うことがないよう協議されている．

教程 12　測定値の処理

12.1 確率密度

どんなに精密な測定を行っても，数多く繰り返すと，その示す値が異なるのが普通であって，測定しようとする真の値（true value）を見出すことは困難である．

---

* 電気に関する諸量の単位維持は，国立の研究所であった旧通商産業省工業技術院電子技術総合研究所で実施されていたが，2001年（平成13年4月）より独立行政法人産業技術総合研究所に統合され，業務が移管されている．

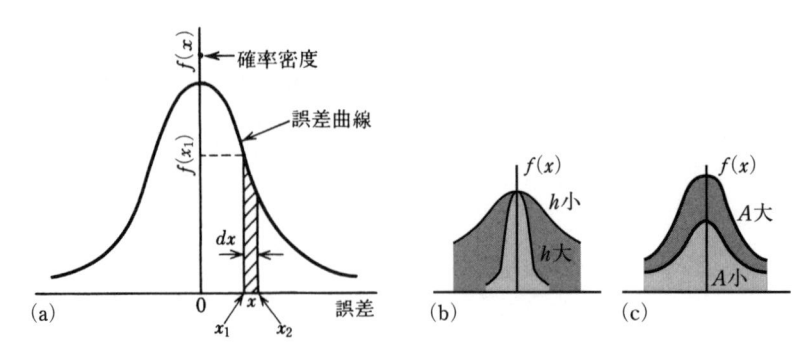

図 12.1 誤差曲線

いま，横軸 x に誤差（error）をとり，縦軸 y にその誤差が出る測定回数すなわち頻度（frequency）をとると，図 12.1 に示すように真中に最大頻度を示す誤差曲線となる．

図 12.1(a) において，誤差が x と $x+dx$ との間に入る確率を，

$$dp(x) = f(x)\,dx \tag{12.1}$$

で表したとき，$f(x)$ を確率密度という．

誤差が x_1 から x_2 の間にある確率は，

$$p = \int_{x_1}^{x_2} f(x)\,dx \tag{12.2}$$

となる．ガウスによれば，確率密度は

$$f(x) = A e^{-h^2 x^2} \tag{12.3}$$

で表される．ただし，A, h は定数（経験式）．

x が $-\infty$ から $+\infty$ に入る確率が 1（どんな測定でも，誤差は $-\infty$ から $+\infty$ の間に入るから）ということより，

$$\int_{-\infty}^{\infty} f(x)\,dx = \int_{-\infty}^{\infty} A e^{-h^2 x^2}\,dx = 1 \tag{12.4}$$

とおける．これより，$A = h/\sqrt{\pi}$ となり，式 (12.3) から

確率密度は次のように表される．

$$f(x) = \frac{h}{\sqrt{\pi}} e^{-h^2 x^2} \tag{12.5}$$

12.2 最小二乗法 (method of least square)

a. 最小二乗法の原理　　測定結果から偶然誤差を除去し，測定量の最確値 (most probable value) を求める方法に最小二乗法がある．これによって得られた最確値は，真の値の代わりとしてしばしば用いられる．

いま，n 回の測定において，誤差

$$x_1,\ x_2,\ \cdots,\ x_n \tag{12.6}$$

の起こる確率を
$$\varphi(x_1), \ \varphi(x_2), \ \cdots, \ \varphi(x_n) \tag{12.7}$$
とすると，これらが一団となって起こる確率は確率の積の公式と，式(12.3)より
$$\begin{aligned}\varphi(x) &= \varphi(x_1) \cdot \varphi(x_2) \cdots \varphi(x_n) \\ &= ce^{-h^2 x_1^2} \cdot ce^{-h^2 x_2^2} \cdots ce^{-h^2 x_n^2} \\ &= c^n e^{-h^2(x_1^2+x_2^2+\cdots+x_n^2)}\end{aligned} \tag{12.8}$$
となる．

測定によってこのような誤差が生じたとすると，それは，そのような誤差が発生する確率 $\phi(x)$ が最大になっていたからであると解釈できる．したがって，そのとき式(12.8)より，
$$x_1^2 + x_2^2 + \cdots + x_n^2 = 最小 \tag{12.9}$$
が成立している．この性質を利用して，最確値を求めるのが最小二乗法である．

●b. 最小二乗法の適用例

1) 直接測定の場合： 測定値を
$$m_1, \ m_2, \ \cdots m_n$$
としたとき，
$$S \equiv (m_1 - M_0)^2 + (m_2 - M_0)^2 + \cdots + (m_n - M_0)^2 \tag{12.10}$$
を最小にするように M_0（最確値）を決める．この M_0 は
$$\frac{dS}{dM_0} = 0 \tag{12.11}$$
より求まる．すなわち，
$$\frac{dS}{dM_0} = -2(m_1 + m_2 + \cdots + m_n) + 2nM_0 \tag{12.12}$$
したがって，
$$M_0 = \frac{1}{n}(m_1 + m_2 + \cdots + m_n) \tag{12.13}$$

測定値を直接読み取る場合，すなわち直接測定（direct measurement）に対して適用され，この場合は各測定値の相加平均をとれば簡単に最確値が得られる．

2) 間接測定の場合： 電圧と電流の測定から抵抗を求めるような測定，すなわち間接測定（indirect measurement）の場合は，次のようになる．

いま未知量を a, b とし，これと x, y, m の間には，簡単のため次の1次式が成り立つものとする．
$$ax + by = m \tag{12.14}$$
n 回の測定によって $(x_1, y_1, m_1), (x_2, y_2, m_2), \cdots, (x_n, y_n, m_n)$ の測定値が得られたとすると，次の関係式が近似的に成立する．

$$\left.\begin{array}{l}ax_1+by_1=m_1\\ax_2+by_2=m_2\\\cdots\cdots\cdots\cdots\\ax_n+by_n=m_n\end{array}\right\}\text{(測定方程式)} \tag{12.15}$$

これから，前と同様にして，各測定における誤差の2乗の総和

$$\begin{aligned}S=&[m_1-(ax_1+by_1)]^2\\&+[m_2-(ax_2+by_2)]^2\\&\cdots+[m_n-(ax_n+by_n)]^2\end{aligned} \tag{12.16}$$

を求め，a，bに関して偏微分して，

$$\frac{\partial S}{\partial a}=0, \quad \frac{\partial S}{\partial b}=0 \tag{12.17}$$

と置いて整理すれば，次の関係が得られる．

$$\left.\begin{array}{l}\left(\sum_{i=1}^{n}x_i^2\right)a+\left(\sum_{i=1}^{n}x_iy_i\right)b=\sum_{i=1}^{n}x_im_i\\\left(\sum_{i=1}^{n}y_ix_i\right)a+\left(\sum_{i=1}^{n}y_i^2\right)b=\sum_{i=1}^{n}y_im_i\end{array}\right\} \tag{12.18}$$

この連立方程式を解いて求めたa，bの値が，それぞれの最確値となる．

● 12.3 誤差の伝搬 ●

●a. 誤差と相対誤差

$$\text{誤差 } \varepsilon = \underset{\text{測定値}}{M} - \underset{\text{真の値}}{T} \tag{12.19}$$

$$\text{誤差率(相対誤差)} = \frac{\varepsilon}{T} \times 100\,\% \tag{12.20}$$

●b. 誤差伝搬

間接測定において，求めるべき量yと要素$x_1, x_2, \cdots x_n$（直接測定で求められた測定量）との間には，次式の関係があるとする．

$$y=f(x_1, x_2, \cdots, x_n) \tag{12.21}$$

ここでは，求めるべき量yに対し，要素のそれぞれに含まれる誤差がどのように伝搬するかを調べる．

全微分の公式から，要素に含まれる誤差を$dx_1, dx_2, \cdots dx_n$とすると，結果に現れる誤差dyとの間には次式が成立する．

$$dy=\frac{\partial f}{\partial x_1}dx_1+\frac{\partial f}{\partial x_2}dx_2+\cdots\frac{\partial f}{\partial x_n}dx_n \tag{12.22}$$

●c. 誤差伝搬の例

1) **和差演算の場合：** 求める電圧が二つの電圧の和として計算される場合，

$$V=V_1+V_2 \tag{12.23}$$

この関係を基本式に代入すると，

$$dV = \frac{\partial V}{\partial V_1} dV_1 + \frac{\partial V}{\partial V_2} dV_2$$
$$= \frac{\partial (V_1 + V_2)}{\partial V_1} dV_1 + \frac{\partial (V_1 + V_2)}{\partial V_2} dV_2 \tag{12.24}$$

が得られる．この式の微分を実行して，
$$dV = dV_1 + dV_2 \tag{12.25}$$
を得る．これから，和差演算の場合は，V_1, V_2 それぞれの絶対誤差の和として結果に現れることがわかる．

 2) **積商の場合**： 求める電圧が電流と抵抗の積として計算される場合，
$$V = IR \tag{12.26}$$
この関係を基本式に代入すると，
$$dV = \frac{\partial V}{\partial I} dI + \frac{\partial V}{\partial R} dR = R \cdot dI + I \cdot dR \tag{12.27}$$
が得られる．両辺を電圧 V で割ると，
$$\frac{dV}{V} = \frac{R}{V} dI + \frac{I}{V} dR = \frac{R}{IR} dI + \frac{I}{IR} dR \tag{12.28}$$
が得られる．これを整理して，
$$\frac{dV}{V} = \frac{dI}{I} + \frac{dR}{R} \tag{12.29}$$
が得られる．すなわち，積商演算の場合の相対誤差は，I, R それぞれの相対誤差の和として現れることがわかる．

 3) **一般の場合**： 電力を
$$W = I^2 R \tag{12.30}$$
により，電流と抵抗の測定値から求める場合を考える．この式を基本式に代入すると，
$$\left.\begin{array}{l} \dfrac{df}{dI} = \dfrac{dW}{dI} = \dfrac{d}{dI}(I^2 R) = 2IR = \dfrac{2I^2 R}{I} = \dfrac{2W}{I} \\[6pt] \dfrac{df}{dR} = \dfrac{dW}{dR} = \dfrac{d}{dR}(I^2 R) = I^2 = \dfrac{W}{R} \end{array}\right\} \tag{12.31}$$

であるから，
$$dW = \left(\frac{2W}{I}\right) dI + \left(\frac{W}{R}\right) dR \tag{12.32}$$
となる．両辺を W で割れば，次式が得られる．
$$\left(\frac{dW}{W}\right) = 2\left(\frac{dI}{I}\right) + \left(\frac{dR}{R}\right) \tag{12.33}$$

電流と抵抗の測定誤差の符号は不明であるから，計算で求められた電力の相対誤差は，

$$\left|\frac{dW}{W}\right| \leq 2\left|\frac{dI}{I}\right| + \left|\frac{dR}{R}\right| \quad (12.34)$$

この式は，電流の相対誤差の電力に及ぼす影響が抵抗の及ぼす影響の2倍であることを表している．したがって，電流の測定には抵抗の測定に比べて確度の高い計器を使用すべきであることがわかる．

● 12.4 標準偏差 (standard deviation) ●

測定値のばらつきの程度を示す量で，二乗平均誤差ともいう．各測定値の真の値からの差を $e_1, e_2, \cdots, e_n$ としたとき，

$$\sigma = \sqrt{\frac{e_1^2 + e_2^2 + \cdots + e_n^2}{n-1}} = \sqrt{\frac{\sum e_i^2}{n-1}} \quad (12.35)$$

この σ (シグマ) を標準偏差という．真の値には普通，最小二乗法などで得た最確値を用いる．この σ が小さい場合は，各回の測定値の変動が小さいと考えられるので，精度の高い測定であったと推定される．

● 12.5 測定値の間の関係 ●

ある二つの量を同時に測定して，測定値 x, y を得たとする．これらの間に何らかの関係があるのかないのか，あるとすればどの程度か，を知る方法について考える．

● a. 散布図による方法　　測定結果 $(x_1, y_1), (x_2, y_2) \cdots (x_n, y_n)$ を，平面上の点として図12.2のように描くと，様子がよくわかる．この図を散布図という．各点の間に一定の規則性があれば，二つの測定量の間には何らかの関係があると判断される．

● b. 相関係数による方法　　二つの測定量の間の関係を定量的に扱う必要がある場合には，次式による相関係数 (correlation coefficient) が用いられる．

$$\rho = \frac{\sum_{i=1}^{n}(x_i - \bar{x})(y_i - \bar{y})}{\sqrt{\sum_{i=1}^{n}(x_i - \bar{x})^2}\sqrt{\sum_{i=1}^{n}(y_i - \bar{y})^2}} \quad (12.36)$$

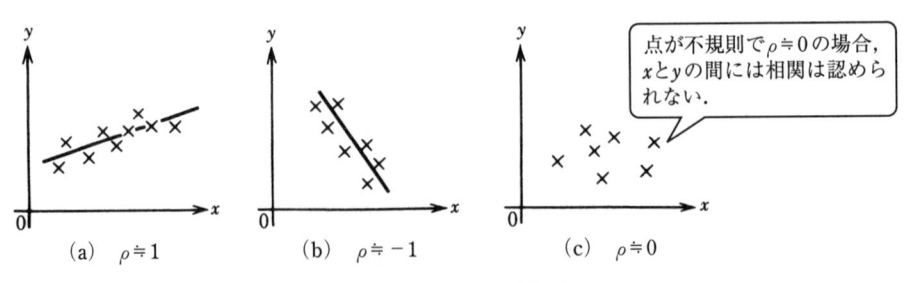

(a) $\rho \fallingdotseq 1$　　(b) $\rho \fallingdotseq -1$　　(c) $\rho \fallingdotseq 0$

点が不規則で $\rho \fallingdotseq 0$ の場合，x と y の間には相関は認められない．

図12.2　散布図と相関係数

教程 13　電圧・電流の測定

$\bar{x}$, $\bar{y}$ は加算平均である．

一般に，$-1 \leq \rho \leq 1$ である．ρ（ロー）の違いで，図 12.2 のようになる．

教程 13　電圧・電流の測定

　　ここでは，電流，電圧，電力などの量を測定するには，どのような方法を用いればよいかということを述べる．

　一般に，直流および交流の電圧，電流，抵抗などの測定には，ディジタルマルチメータと呼ばれる多機能計器を使用するのが便利である．図 13.1 にディジタルマルチメータのブロック図を示す．入力信号変換回路は測定対象（電圧，電流，抵抗など）によって異なる．図 13.1 に抵抗測定の場合の例を示す．

入力（電圧，電流，抵抗）→ 入力信号変換 → A/D 変換 → 計数 → 表示
　　　アナログ信号　　　　　アナログ信号　　　ディジタル信号　ディジタル信号

図 13.1　ディジタルマルチメータ

　電圧・電流の測定に際しては，測定しようとする電圧・電流の大きさ，直流か交流か，交流であればどのくらいの周波数かなどにより，最も適当な測定器，測定法を使うことになる．

　アナログ計器を用いる場合は通常，直流電圧や電流の計測には可動コイル形計器が，また交流電圧や電流には可動鉄片形計器が，取扱い易さやコスト面で適している．

　しばしば測定対象となる 60 Hz 商用電圧など，普通の電圧・電流に対しては上記の計器を使用するのがよい．しかし，計測対象が高周波や高圧などの特殊な場合に対しては，それぞれに適した測定法を採用する必要がある．次に，それらのいくつかについて述べる．

13.1　直流電圧・電流の測定

●a．**直流電圧の測定**　　直流で，mV～300〔V〕くらいの測定には，普通，指針形のアナログ計器か，ディジタル計器を使う．μV 級の微小電圧では，検流計か高感度の電子計器，ディジタル計器を選べばよい．kV 級の高電圧では，静電電圧計を用いるか，倍率器を使い，普通電圧に下げて測定する．電子計器，ディジタル計器類は，ごく低い電圧から，数百〔V〕の実用電圧範囲にわたって，万能測定器として便利に使うことができる．

　直流の微小電流電圧を測定するのに，増幅器を用いた高感度の装置がつくられ

ており，10^{-17} A 程度まで測定することができる．

図 13.2 は直流増幅器を用いた微小電流測定の一回路で，入力電流が R_g の電圧降下となって入力抵抗の高い FET のベースに与えられ，増幅されて，検流計 G によって測定される．

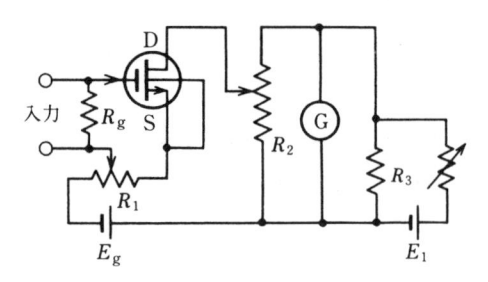

図 13.2 微小電流の直流増幅

この回路での入力インピーダンスは数 MΩ 以上とれる．また FET（電界効果トランジスタ）を使用するものでは，$10^{-10} \sim 10^{-13}$ A の測定が可能となっている．

安定な高感度の交流増幅器は比較的容易につくられるので，測定する直流を交流に変換してこれを交流増幅器で増幅し，さらに直流に直して直流計器で測定する方法がある．直流/交流変換の方法には振動容量形（vibrating capacitance type）が有効であり，図 13.3(a) に振動容量形の変換器を示す．1〜20 kHz 程度の発振器によりコイルを励磁し，これによってコンデンサ C_v の電極を振動させてその容量を変化させ，交流に変換された出力を得る．

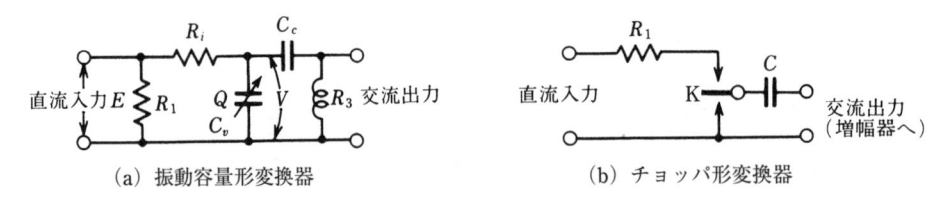

(a) 振動容量形変換器　　(b) チョッパ形変換器

図 13.3 直流/交流変換器

R_i は C_v が動作して静電容量が周期的に変化しているときに，入力側へ電荷が流出しないための抵抗である．この抵抗の値を

$$R_i C_v \gg \frac{1}{f_0} \qquad (f_0 : 駆動周波数) \tag{13.1}$$

を満足するように選べば，

$$\Delta V = \frac{\Delta C_v}{C_v} \cdot V \tag{13.2}$$

が成り立つ．すなわち，V に比例した電圧変化 ΔV が生じ，これがコンデンサ電

極板の振動周波数の交流となって増幅される．この形では 10^{-15} A 程度まで測定できる．

  ● b. **直流電流の測定**　μA 付近では直流検流計が，これ以上の mA 付近では可動コイル形電流計が用いられ，さらに，10〔A〕付近までは可動鉄片形などで直接測定される．また，電子電圧計，ディジタル計器を使えば，適当な測定レンジを選んで用いれば，pA～A まで測定することができる．数十〔A〕以上の大電流では，分流器を使って計器の測定範囲を拡大すればよい．

13.2　交流電圧・電流の測定

  ● a. **交流電圧の測定**　交流の測定は，とくにことわりがなければ，交流の値は実効値で表されている．商用周波数用としては，確度や価格などの点で推奨される可動鉄片形のほか，整流形，熱電形，電流力計形などが使用できる．可動鉄片形と電流力計形はコイルのインダクタンスのためあまり高い周波数では使えないが，整流形はオーディオ周波，熱電形は無線周波まで使用できる．

  ● b. **交流電流の測定**　直流・交流電圧の測定と同様に，直接指示計器による電流測定には，それぞれの測定範囲に適した方式の計器を選んで測定すればよい．

13.3　特殊電圧・電流の測定

  ● a. **高電圧測定**　直流高電圧測定に対しては，直列抵抗器あるいは抵抗分圧器と可動コイル計器による方法を用いる．電圧が高くなると，抵抗器が大形になり，損失も大きくなり精度が悪くなるので，次の容量分圧器が有効である．

　1) **容量分圧器**:　静電電圧計は，定格 500 kV までつくられているが，損失がないので高電圧測定に使われている．

　交流の場合は，図 13.4 のように，静電電圧計に容量分圧器を用いる．図で，静電電圧計の容量を C_v とすれば

$$Q = CV \tag{13.3}$$

より

$$C_1(V - V_v) = (C_2 + C_v) V_v \tag{13.4}$$

$$\therefore\quad V = \left(\frac{C_1 + C_2 + C_v}{C_1}\right) V_v \tag{13.5}$$

の関係が成り立つ．

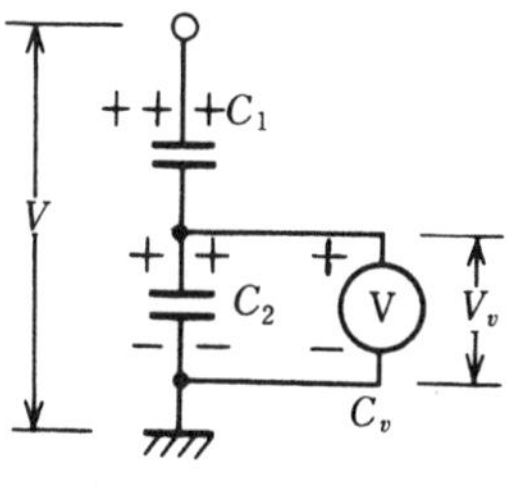

図 13.4　容量分圧器

　高電圧では，絶縁耐力の試験という点から，交流についてはその実効値より波高値が問題になる．波高値の測定は，次の球ギャップによる方法が有効である．

　2) **球ギャップ**:　図 13.5 に示すように 2 個の金属球に電圧を与えた場合，その球表面エア・ギャップ（単に球ギャップともいう）で空気の絶縁破壊が生じて火花を発生する．火花電圧の波高値は球直径と球ギャップなどによって一定し

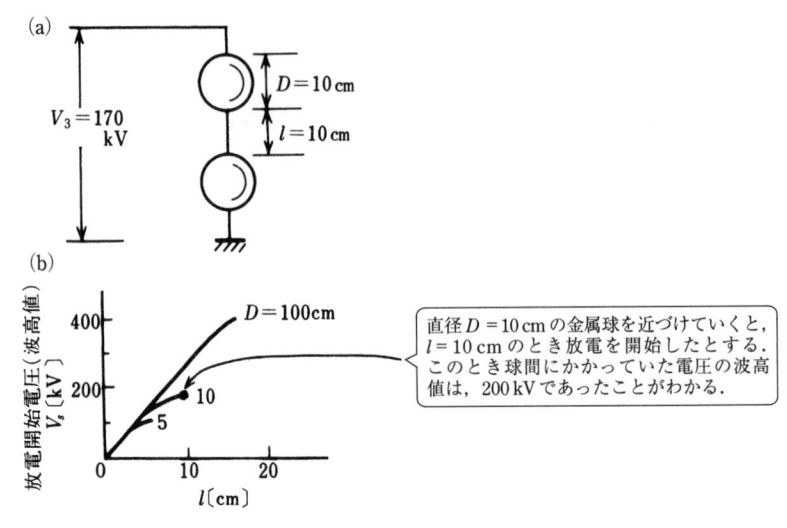

(a) $V_3 = 170$ kV, $D = 10$ cm, $l = 10$ cm

(b) 放電開始電圧(波高値) V_s [kV], $D = 100$ cm

直径 $D = 10$ cm の金属球を近づけていくと，$l = 10$ cm のとき放電を開始したとする．このとき球間にかかっていた電圧の波高値は，200 kV であったことがわかる．

図 13.5　球ギャップによる高圧測定

ているので，この結果を利用して高電圧の測定が行われる．すなわち，球に測定電圧を印加し，球を少しずつ接近させていき，火花の発生するギャップ l を測定すれば，図 13.5(b) から印加電圧がわかる．JIS C 1001 では，この値を規定している．空気の密度がある範囲内で異なっているときは，放電圧が空気の密度の δ に比例するとして，

$$V_g = \delta V_s \tag{13.6}$$

なる補正を行う．ただし，

$$\cdots\cdots \delta = \frac{P(273+20)}{760(273+t)} \tag{13.7}$$

ここで，P：気圧（mmHg），t：温度（℃）．

● b. **導体電流（線路電流計，クランプメータ）**　クランプメータは配線をクランプする（はさみこむ）だけで，配線を切断することなく通電状態のままで電流を測定できる計器である．停電が困難な24時間稼動ビルや工場における保守点検などに使用される．

これには，変流器の原理を応用したものやホール発電器を使ったものがある．

1) **変流器の原理を応用した交流電流計**：　図 13.6(a) のように，レバーによって円形磁路を開き，測定する電流の流れている導体をこの中にくわえてから磁気回路を閉じると，変流器式では磁路内の導体電流が一次となり，二次検出コイルに二次電流が流れる．それを増幅してメータで読む．

2) **ホール発電器を使った交直両用の電流計**：　ホール発電器式では，図 13.6(b) のように磁路中にホール素子を置く．ホール素子には線路電流に比例した磁束 B がかかり，それに比例したホール起電力 $V_H = kIB$ が発生する．したがって，

閉じる 閉じる

二次検出コイル　　　　　　　　ホール発電器

(a) 変流器の原理を応用　　　(b) ホール発電器を使用

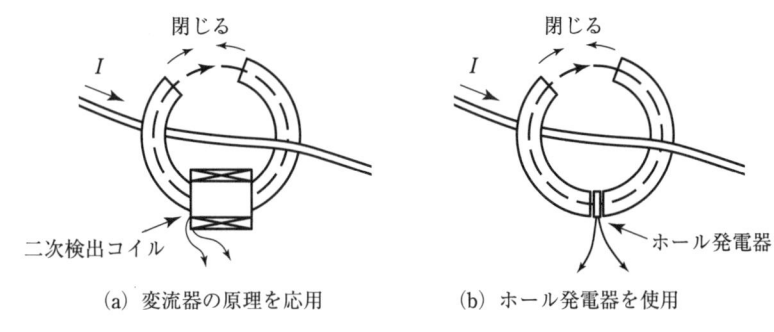

図 13.6　線路電流計（クランプメータ）

その値から線路電流がわかる．ここで k は素子の材料やサイズで決まる定数であり，I はホール素子に流す一定電流である．ホール発電器式は交直両用である．

　　3)　**製品例：**　ホール発電器式クランプメータの製品例を図 13.7 に示す．

ここを開いて電線を通す

図 13.7　ライン精機株式会社　クランプメータ　HT-7000

教程 14　電力・位相・力率の測定

　電力測定には，電流力計形電力計や誘導形電力計が用いられる．しかし，それらの電力計の代わりに電流計と電圧計を用いて電力を求めることもできる．また，微小電力または高周波電力の測定には熱電形電力計が適している．

　この章では，基本的な電力測定およびその他の電力測定に関することについて説明する．

14.1　直流電力の測定

　直流電力は，電流計の読みと電圧計の読みを掛け合わせれば求めることができる．

　図 14.1 に示すように結線した場合，負荷電力 P は，負荷にかかる電圧 V と

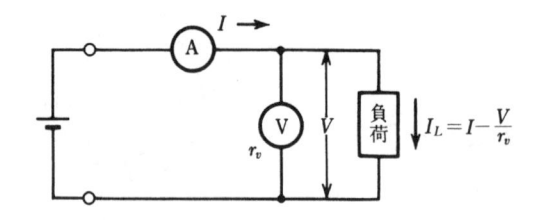

図14.1 電圧電流計法（直流電力）

負荷電流 I_L の積として

$$P = VI_L = V\left(I - \frac{V}{r_v}\right) \tag{14.1}$$

で求められる．ここで，V/r_v を I に対して無視しうるときは，

$$P = VI \tag{14.2}$$

で近似できる．

14.2 交流電力の測定

交流の場合は電流，電圧とその間の位相角を測れば電力が求められる．次に，代表的な交流電力測定法である三電圧計法について説明する．

a. 三電圧計法 三つの電圧計で単相電力を測定する方法を，図14.2 に示す．ベクトル図より次の関係が成り立つことがわかる．

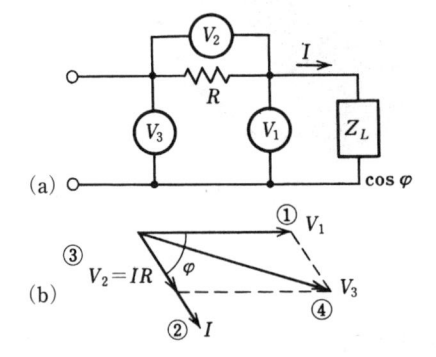

図14.2 三電圧計法

余弦法則より

$$V_3^2 = V_1^2 + V_2^2 + 2V_1V_2\cos\varphi \tag{14.3}$$

$$\therefore \cos\varphi = (V_3^2 - V_1^2 - V_2^2)/2V_1V_2 \tag{14.4}$$

この $\cos\varphi$（力率）を電力の式に代入すると，

$$W = V_1 I \cos\varphi = V_1 \frac{V_2}{R} \cos\varphi \tag{14.5}$$

$$= \frac{1}{2R}(V_3^2 - V_1^2 - V_2^2) \tag{14.6}$$

となる．すなわち，この式に標準抵抗 R の値と，三つの電圧の値 V_1, V_2, V_3 を

代入すれば，電力 W を計算することができる．

14.3 力率・位相の測定

●a. **力率** 負荷 $v = V_m \sin \omega t$ なる電圧が印加され，これにより位相 (phase) が φ だけ遅れた電流 $i = I_m \sin(\omega t - \varphi)$ が流れたとすれば，この負荷に消費される電力 P は1周期の平均として，

$$\left.\begin{aligned} P &= \frac{1}{T}\int_0^T vi\,dt \\ &= \frac{1}{T}\int_0^T V_m \sin \omega t\, I_m \sin(\omega t - \varphi)\,dt \\ &= VI \cos \varphi \end{aligned}\right\} \quad (14.7)$$

ただし，V, I は $V = V_m/\sqrt{2}$, $I = I_m/\sqrt{2}$ なる電圧，電流の実効値である．この $\cos \varphi$ を力率 (power factor) という．

式(14.7)から，電圧 V，電流 I，電力 P を測定すれば，位相角・力率 $\cos \varphi$ が計算できることがわかる．

●b. **位相計** 図14.3のような位相角により振れが定まる指示計器を，位相で目盛れば位相計，力率で目盛れば力率計，無効率で目盛れば無効率計となる．

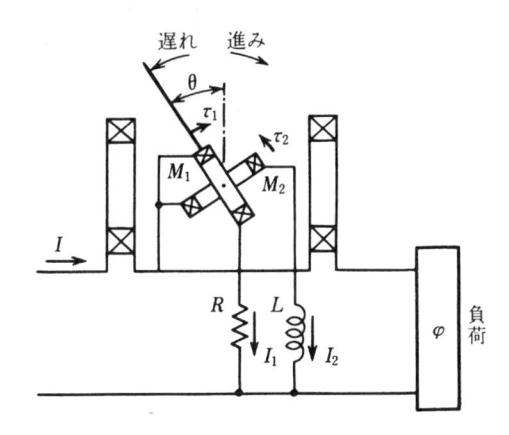

図14.3 電流力計形位相計

図14.3に単相位相計を示す．可動コイル M_1, M_2 を直角に配置し，M_1 には R を通じて電圧と同相の電流を，M_2 には L を通じて電圧より90°遅れた電流をそれぞれ流すようにしている．このとき K を比例定数として，

$$\left.\begin{aligned}\tau_1 &= KI I_1 \cos \varphi \sin \theta \\ \tau_2 &= KI I_2 \sin \varphi \cos \theta\end{aligned}\right\} \quad (14.8)$$

指針が静止し，$\tau_1 = \tau_2$ が成り立っているときは，

$$KI I_1 \cos \varphi \sin \theta = KI I_2 \sin \varphi \cos \theta \quad (14.9)$$

となる．ここで $I_1 = I_2$ になるようにつくられているので，次式が成り立つ．

$$\cos\varphi \sin\theta = \sin\varphi \cos\theta \tag{14.10}$$

$$\frac{\sin\theta}{\cos\theta} = \frac{\sin\varphi}{\cos\varphi} \tag{14.11}$$

$$\tan\theta = \tan\varphi \tag{14.12}$$

よって $\theta = \varphi$ となり,力率計は位相計としても用いられる.位相計は,目に見える指針の振れ角 θ と,目に見えない電気角 φ とが一致している興味ある計器である.

● 14.4 ブロンデルの法則 ●

一般に,n 線式回路の電力は $(n-1)$ 個の電力計の読みの代数和で測定できる.これをブロンデルの法則(Blondel's law)という.

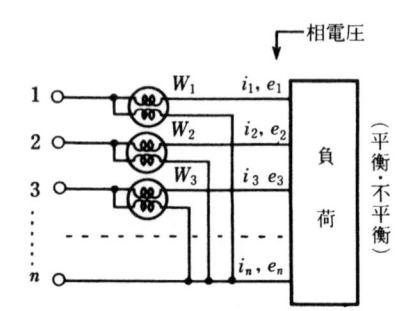

図 14.4 ブロンデルの法則

図 14.4 において,全電力の瞬時値 p は,線電流および電圧の瞬時値を用いて,

$$p = \sum_{r=1}^{n} e_r i_r \tag{14.13}$$

キルヒホッフの法則から,

$$\sum_{r=1}^{n} i_r = 0 \tag{14.14}$$

この式の両辺に e_n を掛けると,

$$\sum_{r=1}^{n} e_n i_r = 0 \tag{14.15}$$

式 (4.13), (4.14) より,

$$p = \sum_{r=1}^{n} e_r i_r = \sum_{r=1}^{n} (e_r i_r - e_n i_r) \tag{14.16}$$

$$= \sum_{r=1}^{n-1} (e_r - e_n) i_r \tag{14.17}$$

1 周期の平均電力 P_a は

$$P_a = \frac{1}{T}\int_0^T p\,dt = \sum_{r=1}^{n-1} \frac{1}{T}\int_0^T (e_r - e_n) i_r\,dt \tag{14.18}$$

$$= \sum_{r=1}^{n-1} W_r \quad (n-1 \text{ 個の電力計の指示値の和}) \tag{14.19}$$

すなわち,n 線式の場合,電力は $(n-1)$ 個の電力計の読みの代数和として求められることがわかる.

14.5 皮相電力・無効電力の測定

皮相電力（apparent power）は負荷の端子電圧 V と負荷電流 I との積 VI であるので，容易に求めることができる．三相の場合は電力計と無効電力計で，それぞれ有効電力 P（active power），無効電力 P_r（reactive power）を求め，これより $\sqrt{P^2+P_\mathrm{r}^2}$ として皮相電力を求める．

無効電力は，負荷電圧 V と負荷電流 I の位相角を φ として $P_\mathrm{r} = VI\sin\varphi$ である．したがって，有効電力 $P = VI\cos\varphi$ と皮相電力 VI を求めれば，

$$VI\sin\varphi = \sqrt{(VI)^2 - (VI\cos\varphi)^2} \tag{14.20}$$
$$= VI\sin\varphi \tag{14.21}$$

14.6 三相電力の測定

三相交流の電力測定には，単相電力計を3個使用する三電力計法，2個使用する二電力計法，電力計法などがある．

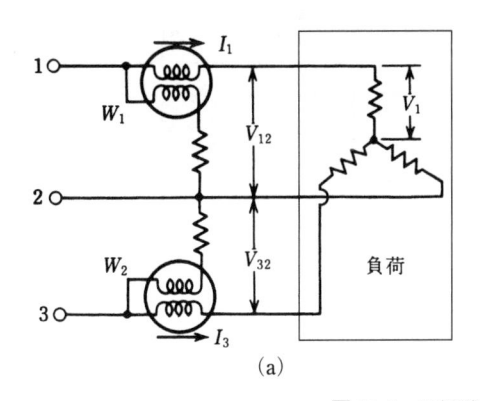

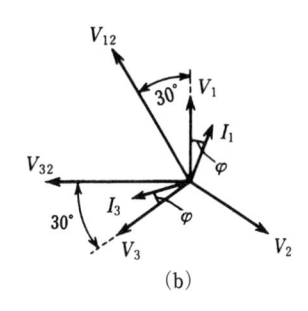

図14.5 三相電力

ここでは，基本的な二電力計法について説明する．図14.5(a)は，二電力計法の結線図で，この場合の電力は W_1，W_2 の指示値の代数和に等しい．三相平衡負荷の場合のベクトル図を図14.5(b)とすると，W_1，W_2 の指示値，P_1，P_2 は

$$P_1 = V_{12}I_1\cos(\varphi + 30°) \tag{14.22}$$
$$P_2 = V_{32}I_2\cos(\varphi - 30°) \tag{14.23}$$

であり，$V_{12} = V_{32} = \sqrt{3}\,V_1$，$I_1 = I_2$ であるから，

$$P = P_1 + P_2 = \sqrt{3}\,V_1 I_1\cos(30° + \varphi) + V_1 I_1\cos(30° - \varphi) \tag{14.24}$$
$$= 3V_1 I_1\cos\varphi \quad (V_1 I_1\cos\varphi \text{ は一相の電力}) \tag{14.25}$$

となって，二電力計の指示の和が三相電力を与える．

| 教程 15 | 周波数・波形の測定 |

15.1 周波数の測定

この教程では，商用周波数近辺から高周波までの周波数計数および波形観測法について述べる．

a. エレクトロニックカウンタ（electronic counter）　図 15.1 に回路構成の一例を示すエレクトロニックカウンタは，適当なゲート回路と計数回路とを組み合わせ，1 秒間の波の数を数えて周波数を表示する．

エレクトロニックカウンタは，周波数の精密測定器であり，周期・周波数比・時間間隔など，周波数と時間に関する種々の計測ができる．

一般に，周波数測定専用のものを周波数カウンタ（frequency counter），多機能のものをユニバーサルカウンタ（universal counter）と呼んでいる．

図 15.1　エレクトロニックカウンタ

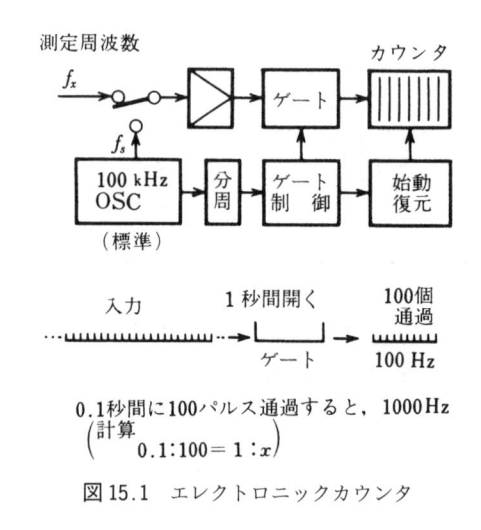

図 15.1 に示したように，エレクトロニックカウンタの測定原理は基準周波数との比較法である．高周波の基準信号は分周されて 1 秒間隔のパルスに変換され，一定時間だけ計数器や増幅器を動作させる．このような動作を「ゲートを開く」という．一方，入力信号はパルスに変換されることによって，振幅や波形に関係しないで周波数と位相のみが抽出される．

すなわち，パルス化された信号の 1 秒間当たりのゲートパルスが抽出され，このパルスの数を数えて周波数が得られる．

b. ブラウン管オシログラフによる周波数測定　ブラウン管の水平軸，垂直軸に周波数の等しいか，整数比をなす電圧を加えると，リサージュ（Lissajous）の図形が得られる．したがって，測定周波数と標準周波数をそれぞれブラウン管オシログラフの水平軸と垂直軸に入れ，リサージュの図形を描くように標準周波

数を変えてやれば，測定周波数を知ることができる．

図 15.2 にその模様を示す．

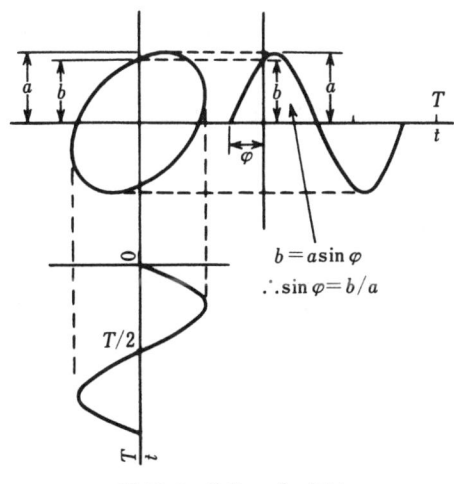

図 15.2 リサージュ図法

15.2 波形の測定

a. オシロスコープ（oscilloscope） オシロスコープは，ブラウン管オシログラフとも呼ばれている．その構成は図 15.3 のようになっている．

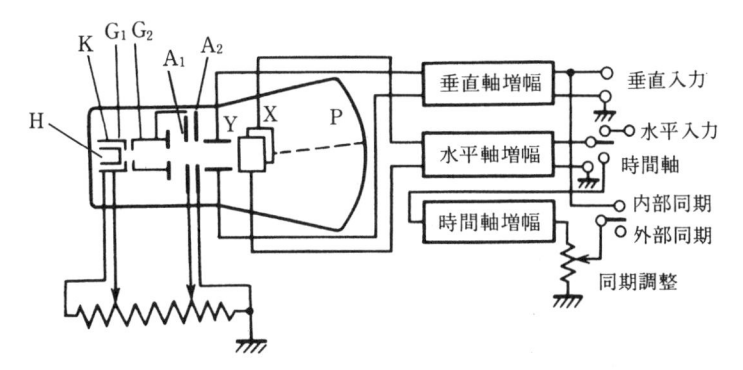

H：ヒータ，K：陰極（1～10 kv），G_1：第一格子，G_2：第二格子，
A_1：第一陽極，A_2：第二陽極，P：蛍光膜，X，Y：偏向板．

図 15.3 ブラウン管オシログラフ

陰極（K）に負の高電圧（1～10 kV）を加えると，放射される電子流の大きさが変化するので，これで輝度（brightness）調整を行う．陽極（A_1，A_2）は電子レンズを形成し，これで焦点（focus）を行う．

偏向電極や偏向コイルで電子線を曲げ，リサージュ図形，電流・電圧波形などを，蛍光膜（P）上に描かせることができる．

● b. **シンクロスコープ**（synchroscope）　観測波形が入力端子に加わることにより，時間軸の掃引（sweep）を開始する方式のオシログラフをシンクロスコープという．図15.4 に，シンクロスコープの構成図と各部の波形を示す．

この方法によると，不規則に生ずる波形や瞬時現象の観測も可能になる（「岩崎通信機50周年史」によると，1954 年 3 月に国産第 1 号のオシロスコープが完成し，同年 4 月 SS-751 という機種をシンクロスコープと命名した）．

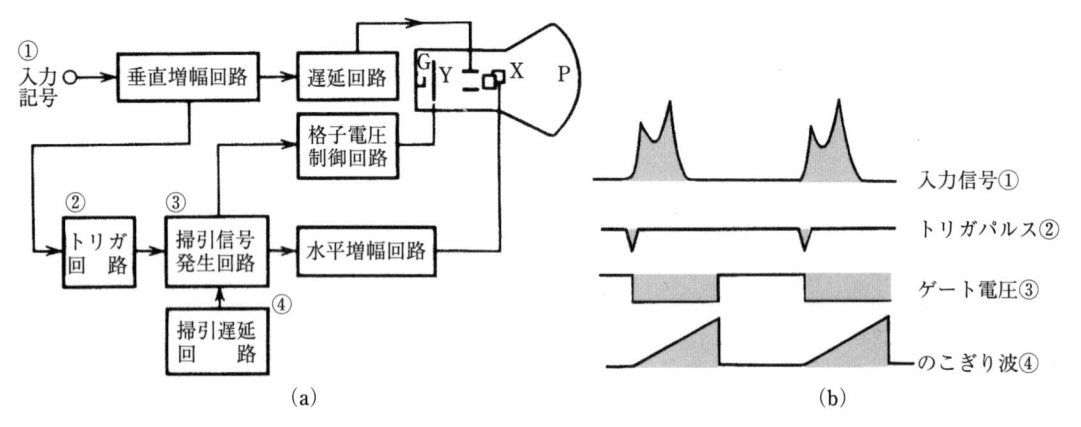

図15.4　シンクロスコープの構成図と各部の波形

● c. **サンプリングオシロスコープ**（sampling oscilloscope）　高速現象の観測を必要とする場合，帯域幅の広いオシロスコープが要求される．この結果，サンプリングによる帯域圧縮法があり，この方法を用いたオシロスコープをサンプリングオシロスコープという．

サンプリングオシロスコープの最大の特長は，サンプリングによって広帯域信号を狭帯域に圧縮して簡単な回路技術で増幅できるので，数十 GHz の現象波形を直視できる．図 15.5 は，このサンプリングによる帯域圧縮増幅器の原理を波形によって示すものである．(a) が測定波形，この波形の周期 T により長い周期 ($T+t$) をもった繰返しパルス (b) で被測定波形の一部を抽出すれば，(c) のようになる．この頂点をまとめれば，(c) の点線で指示したようになり，これを継

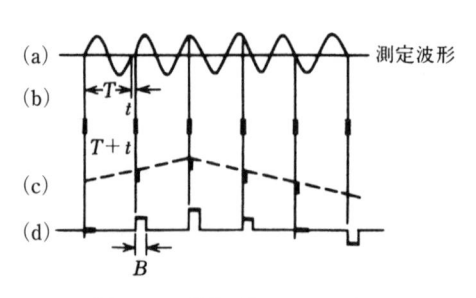

図15.5　帯域圧縮法の原理波形

ぎ合わせることによって (a) と同じ波形を観測できる.

●d. **デジタルオシロスコープ**(digital oscilloscope)　従来,高度な回路技術であった高速A/D変換技術は,ごく一部の機器にのみ利用されていた.しかし,近年のLSI技術の急速な進歩は,それを身近なものにし,その応用範囲をさまざまな分野にまで広げている.デジタルオシロスコープは,このような技術的背景の基に成長し普及してきた.デジタル化されたことにより,従来のアナログ・オシロスコープには,不可能であったさまざまな機能が実現されている.

1) **デジタルオシロスコープの原理**:　図15.6は,デジタルオシロスコープのブロック図を示す.次に動作の流れを示す.

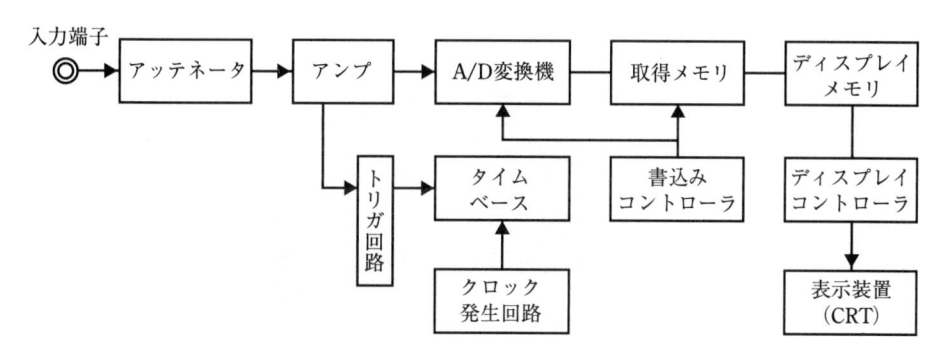

図15.6　デジタルオシロスコープのブロック図

① 入力端子に加えられた入力信号は,感度切換えのためのアッテネータを介して増幅器へ導かれる.増幅器で適当な大きさに増幅された信号は,次のA/D変換器に導かれる.
② A/D変換器は,加えられた信号をサンプリングクロックでサンプリングする.
③ サンプリングされたデータは,順次取得メモリに記録されていく.
④ 書込みコントローラは,A/D変換および取得メモリへの書込みの開始と,トリガ回路からのトリガ信号を受けてのA/D変換および取得メモリへの書込み停止を制御する.
⑤ 書込みコントローラは,その書込みの停止の後,マイクロプロセッサに取得の終了を知らせる.
⑥ マイクロプロセッサは,取得メモリからディスプレイメモリへデータを転送する.ディスプレイメモリのデータは,ディスプレイコントローラによって表示装置上に波形の形で表示される.

2) デジタルオシロスコープの仕様例：

型　番　　：岩通計測(株) DS-4372/L
入力 ch 数：2 ch
周波数帯域：500 MHz
サンプリング速度：4 GS/s
メモリ長(ポイント)：500 k/8 M

●e．X-Y レコーダ　　X-Y レコーダは，その機構上，通常数 Hz までの現象を記録する．最近は，アナログ信号をデジタル化し，メモリに取り込むことで高速現象の記録ができる．図 15.7 は 1 ペンで 2 現象の X-Y 記録ができるレコーダである．最大作図速度は 400 mm/sec，1 mV/FS(FS：full scale)，精度 0.2 mm 以下である．

図 15.7　X-Y レコーダ

教程 16　電気抵抗の測定

● 16.1　は じ め に ●

　　金属の抵抗の問題は，古くから金属の理論の中心問題であった．外部から電界が加わると金属内の自由電子が加速されたり，熱が加わると原子が振動したりして，その結果固有の電気抵抗が現れる．その値は金属の種類や温度によって大きく異なる．

　　ここでは，低抵抗，中抵抗，高抵抗を測定するには，どのような方法を用いればよいかということを述べる．

　　一般に，抵抗の測定には，ディジタルマルチメータを使用するのが便利である．図 13.1 に，ディジタルマルチメータのブロック図を示した．ここでは，抵抗測定に必要な入力信号変換回路（抵抗/電圧変換）ブロックについて説明する．図 16.1 に変換回路を示す．未知抵抗 R_x を接続すると，後述のように出力端子にそれに比例した電圧が現れる．したがって，その電圧の値から未知抵抗 R_x の値が

教程 16 電気抵抗の測定

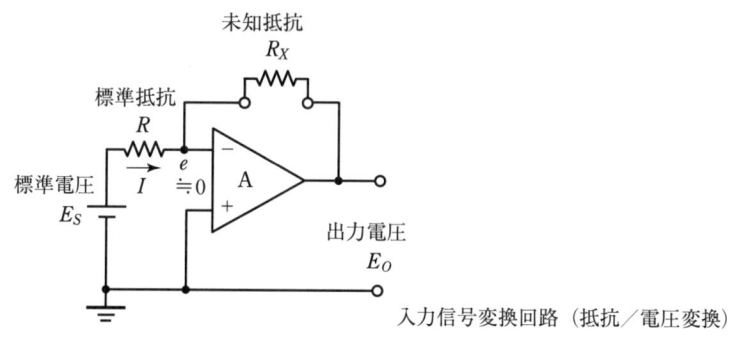

図 16.1 ディジタルマルチメータ（入力信号変換部）

求められる．

図 16.1 において標準抵抗 R を流れる電流は，オペアンプのゲイン（10^6）が非常に大きく，したがって入力電圧がほぼ零（$e=0$）であると見なせることから，

$$I = \frac{E_s}{R} \tag{16.1}$$

とかける．また，オペアンプの入力抵抗（$10^6\,\Omega$）は非常に大きく，したがって，オペアンプに流入する電流はほぼ零と考えられる．このことから，標準抵抗を流れる電流はそのまま未知抵抗に流れ，未知抵抗による電圧降下は次式のようになる．

$$-IR_X = -\frac{E_s}{R}R_X \tag{16.2}$$

この電圧降下が出力端子に現れ，出力電圧は

$$E_o = -\frac{R_X}{R}E_s = -\left(\frac{E_s}{R}\right) \times R_X \tag{16.3}$$

となる．この式から，未知抵抗 R_X に比例した電圧 E_o が得られることがわかる．

16.2 低抵抗の測定

$1\,\Omega$ 程度以下の低抵抗の測定では，抵抗を図 16.2 のように 4 端子接続する．そうすると，電流端子の接触抵抗による電圧降下は電圧端子には現れない．また，電圧端子の接触抵抗は，電圧測定回路の抵抗を高くすることによって無視できる．

低抵抗の測定法には，電位差法やケルビンダブルブリッジ（Kelvin W bridge）法などがある．

a. 電位差法　図 16.2 に示すように，標準抵抗 S と測定抵抗 X を直列に接続し電流 I を流す．

S, X の電圧降下 v_s, v_x を電位差計で測定すれば，測定抵抗 X の値が求められる．抵抗 S, X には同じ電流 I が流れているので，オームの法則から次式が得られる．

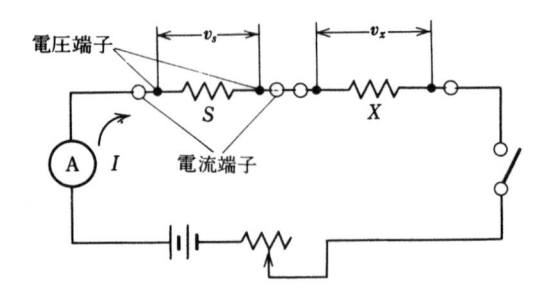

図16.2 電位差法

$$I = \frac{v_s}{S} = \frac{v_x}{X} \qquad \therefore \quad X = S\, v_x/v_s \tag{16.4}$$

● b. **ダブルブリッジ法**　ダブルブリッジの原理図を図16.3に示す.

平衡条件は,

$$\begin{cases} PI_1 = RI_2 + pI_3 \\ QI_1 = XI_2 + qI_3 \\ I_3 = rI_2/(p+q+r) \rightarrow \text{分流の式} \end{cases} \tag{16.5}$$

これらを連立させて, X を求めれば次式のようになる.

$$X = \frac{QR}{P} + \frac{pr}{p+q+r}\left(\frac{Q}{P} - \frac{p}{q}\right) \tag{16.6}$$

一般に, リード線の抵抗や接触抵抗は P, Q, p, q に比べて十分小さく, $r=0$ とおけるので, 式(16.6)の第二項は無視できる. したがって, 未知抵抗 X は

$$X = \frac{QR}{P} \tag{16.7}$$

で求められる.

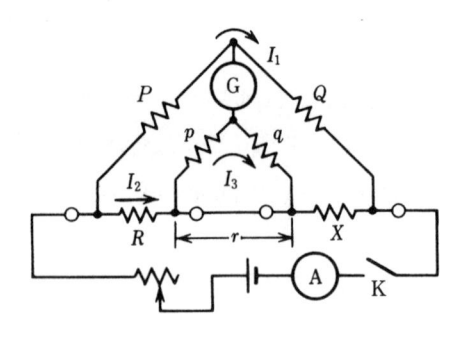

図16.3 ダブルブリッジ法

● **16.3 中抵抗の測定** ●

これは $1\,\Omega \sim 1\,\mathrm{M}\Omega$ 程度の比較的測定しやすい抵抗値の測定である.

中抵抗の測定法には, 図13.1に示したディジタルマルチメータを使用するのが便利である. ここでは, より高確度を要する場合に適するホイートストンブリッジ法や, 動作状態での抵抗測定に適する電圧電流法, 簡易な回路計などにつ

いて述べる．

● a. **ホイートストンブリッジ法** 図16.4にホイートストンブリッジを示す．4個の抵抗をブリッジ状に接続し，さらに電池Bおよび検流計Gを接続する．

Kを開いた場合，cd間に現れる電圧を V_{cd} とすれば，V_{cd} は

$$V_{cd} = Qi_q - Xi_x = Ri_r - Pi_p \tag{16.8}$$

抵抗の値を調節して $V_{cd}=0$ にすれば，$i_p=i_q$, $i_r=i_x$ であるから，次式が成り立つ．

$$PX = QR, \quad X = \frac{Q}{P}R \tag{16.9}$$

X を被測定抵抗とし，P/Q をプラグかブラシ形の比例辺で変化させる．この比例辺の構造を図16.5(a)に，加減抵抗辺の構造を(b)に示す．

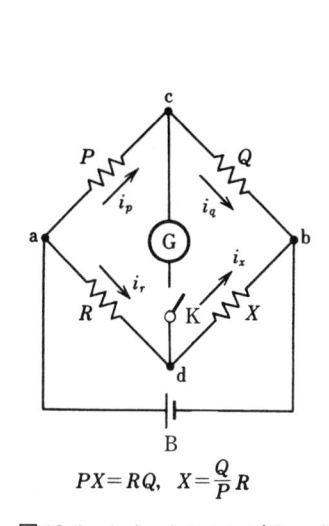

図16.4 ホイートストンブリッジ

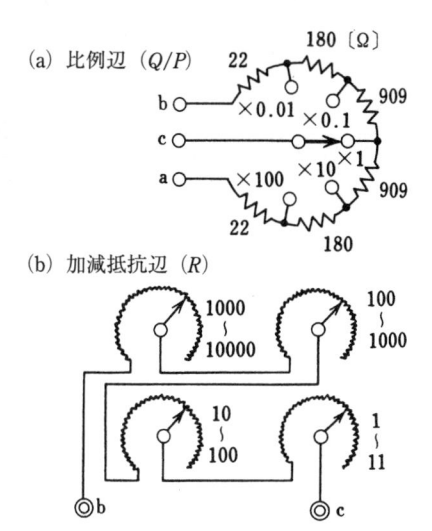

図16.5 ホイートストンブリッジの構造

● b. **電圧電流法** 電圧電流法では，抵抗に流れる電流と電圧降下とを測定し，計算により抵抗値を求める．電球の点灯時の抵抗などはこの方法による．

● c. **回路計**（circuit tester） 図16.6に示すのは，テスタと呼ばれて手軽に広く用いられている回路計の抵抗測定回路である．1個の可動コイル電流計と倍率器，分流器，整流器および電池を組み込んでいる．a, bは未知抵抗 R_x の測定端子で，Aは可動コイル形の直流電流計である．測定に当たっては，a, b端子を短絡しRを調整して，Aの指示を零の目盛に合わせる．次に，R_x をa, b端子に挿入すると電流は減少するが，目盛は抵抗値で目盛られている．現在A/D変換機能を含んだディジタルテスタが主流を占めている．測定範囲も種々に変えら

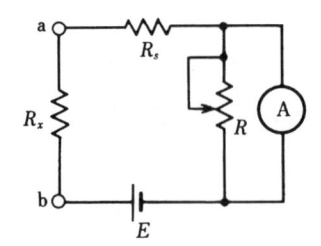

図 16.6　回路計（テスタ）の抵抗測定回路

れ，精度も高い．

16.4 高抵抗の測定

a. 置換法　高抵抗測定の一例を図 16.7 に示す．

被測定抵抗 R_x を求めるには，まず R_x に電圧 V を加え，流れる電流 I_x を検流計 G で読む．次に，標準抵抗 R_s に電圧 V を加える．そして流れる電流 I_s が先の電流 I_x と等しくなるように標準抵抗 R_s を調整する．この場合，被測定抵抗は $R_x = R_s$ として求められる．

標準抵抗の値が連続可変でなく，$I_s = I_x$ が実現できない場合には，オームの

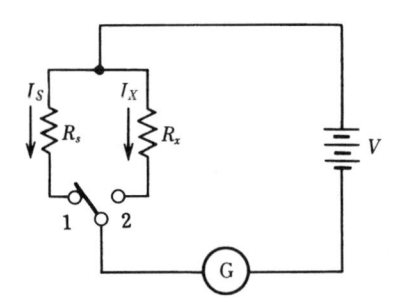

図 16.7　高抵抗の測定

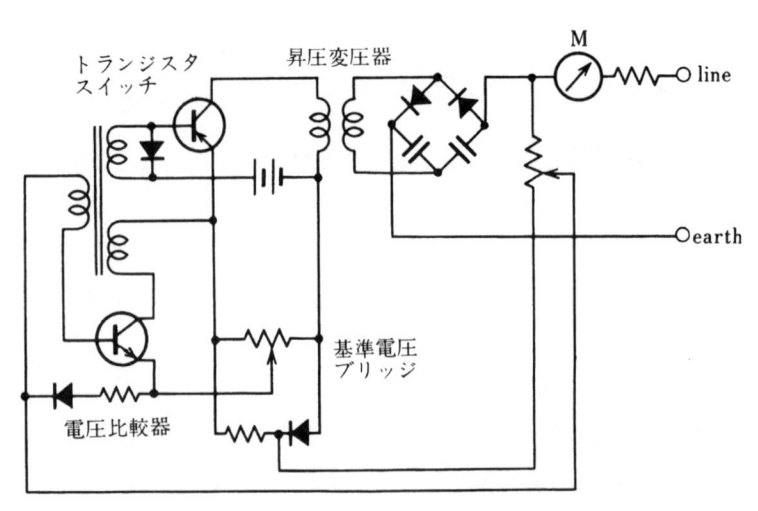

図 16.8　絶縁抵抗計

法則 $V = R_x I_x = R_s I_s$ から

$$R_x = R_s I_s / I_x \tag{16.10}$$

として求められる．

　高抵抗測定に際しては，電源には安定で高圧のものを，検流計には高感度のものを使用する．電源や検流計の精度はとくに問題にはならない．

● b. **絶縁抵抗計**（megger）　ブリッジ回路に用いる測定電源としてトランジスタ式の定電圧電源を用いる．電池電源のトランジスタ発振器を用い，これを昇圧整流して高圧電源を得る方式がある．図16.8にその例を示す．$2 \times 10^{10}(\Omega)$ まで測定できる．

教程 17　インピーダンスの測定

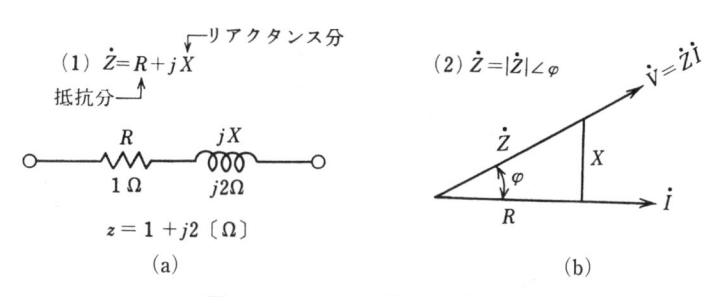

17.1　インピーダンスの表し方

　インピーダンス測定の対象となるものはきわめて広範囲である．たとえば，抵抗，コンデンサ，コイル，ケーブル，導波管などがある．インピーダンスの表し方には，次の直角座標式と極座標式がある．

● a. **直角座標式**　インピーダンス $\dot{Z}$ は抵抗分 R とリアクタンス分 X とを用いて

$$\dot{Z} = R + jX \tag{17.1}$$

と書ける．数値例として図17.1のように表す．

図17.1　インピーダンスの表し方

$$\dot{Z} = 1 + j2 \ [\Omega]$$

すなわち，R と X を求めれば，$\dot{Z}$ は確定する．

● b. **極座標式**　インピーダンス $\dot{Z}$ はインピーダンスの絶対値 $|\dot{Z}|$ と偏角 ϕ を用いて，

$$\dot{Z} = |Z| \angle \varphi \tag{17.2}$$

とも表される．ここで，φ：偏角である．三角公式から

$$R = |\dot{Z}|\cos\varphi, \quad X = |\dot{Z}|\sin\varphi \tag{17.3}$$

であるから，インピーダンス $\dot{Z}$ は次のように表現できる．

$$\dot{Z} = |\dot{Z}|(\cos\varphi + j\sin\varphi) \tag{17.4}$$
$$= |\dot{Z}|e^{j\theta} \tag{17.5}$$
$$= |\dot{Z}|\angle\varphi \tag{17.6}$$

すなわち，$|\dot{Z}|$ と φ を求めれば，$\dot{Z}$ は確定する．

インピーダンスは，取り扱われる周波数によってその概念が変化してくる．まず低周波（直流～1 MHz程度）では，電気回路の特性を電圧・電流の比として単純に考えることができる．しかし，周波数が高くなると，このように単純に考えることが困難になり，いわゆる分布定数という概念が必要になってく

表17.1 抵抗値カラーコードとコンデンサ容量の読み方

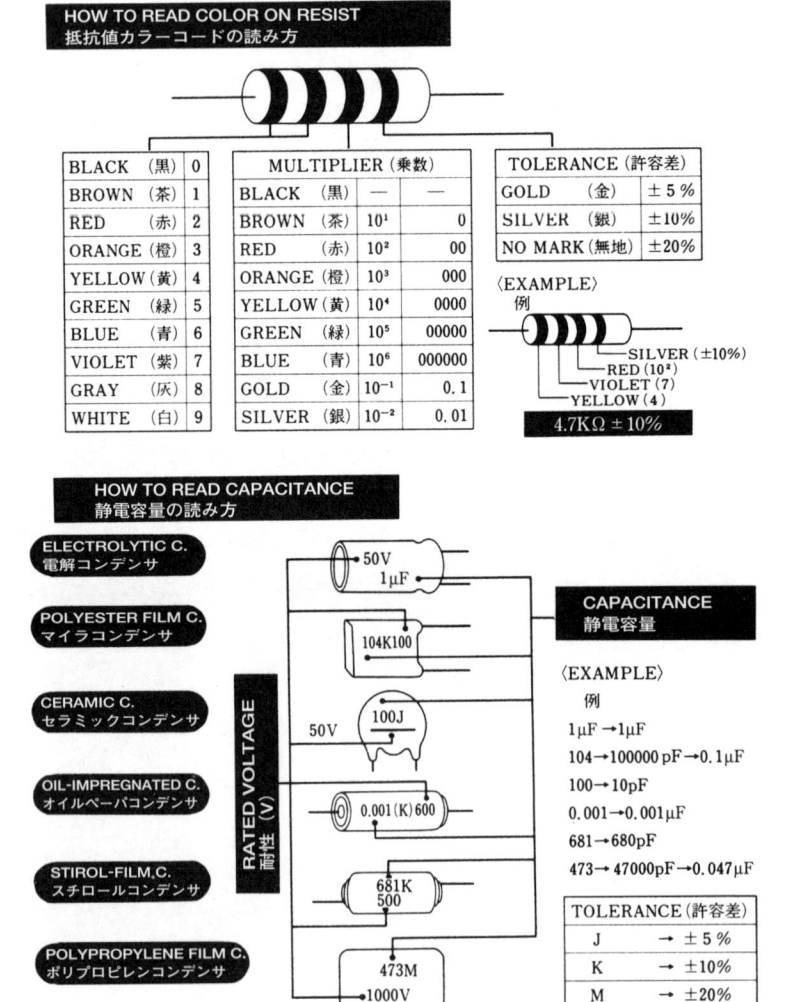

教程 17 インピーダンスの測定

る.

　インピーダンス測定としては，直流では抵抗だけが対象となるが，交流では主としてインダクタンスとキャパシタンスが対象となる.

　インピーダンスは普通図 17.2(a) のように 2 端子で表される．しかし，交流精密測定を行う場合には，図 (b) のようにシールドする必要があり，この場合は 3 端子となる．また，低インピーダンス測定に際しては，接続線の抵抗や接触抵抗の影響を防ぐため，図 (c) のように電圧端子と電流端子を分離する．この場合は 4 端子となる．

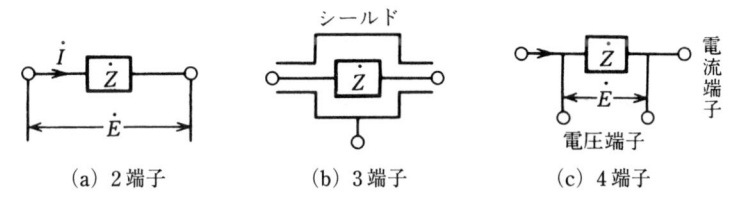

(a) 2 端子　　(b) 3 端子　　(c) 4 端子

図 17.2　インピーダンス素子の端子

　現在使用されている抵抗値カラーコードの読み方，静電容量の読み方を表 17.1 に示す．

17.2　交流用標準抵抗器

　交流測定に使用する抵抗器としては，安定度が高いこと，抵抗温度係数が小さいことなどのほかに，周波数によって値が変化しないことが必要である.

　巻線形抵抗器の等価回路は図 17.3 のようになる．a, b 端子間のインピーダンス $\dot{Z}$ は，周波数 f [Hz], $\omega = 2\pi f$ とすれば，次のようになる．

$$\dot{Z} = \frac{1}{\dfrac{1}{R+j\omega L}+j\omega C} = \frac{R+j\omega L}{1-\omega^2 LC + j\omega CR} \tag{17.7}$$

$$= \frac{R+j\omega\{L(1-\omega^2 CL)-CR^2\}}{(1-\omega^2 CL)^2+\omega^2 C^2 R^2} \tag{17.8}$$

周波数があまり高くなく，$\omega L/R \ll 1$，$\omega CR \ll 1$ の場合は，

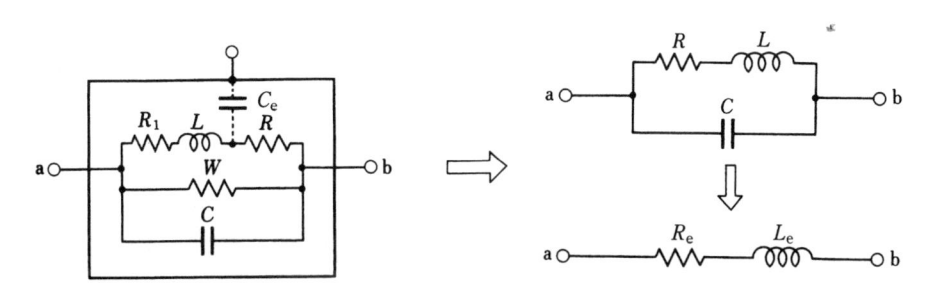

図 17.3　巻線形抵抗器の等価回路

$$\dot{Z} = R_e + j\omega L_e \tag{17.9}$$
$$R_e \simeq K\{1 + \omega^2 C(2L - CR^2)\} \tag{17.10}$$
$$L_e \simeq L - CR^2 \tag{17.11}$$

となる．ここで，R_e：実効抵抗（effective resistance），L_e：実効残留インダクタンス（effective residual inductance）である．標準抵抗器用の抵抗線には，次のような性質が要求される．

① 抵抗率が大きい．
② 抵抗温度係数が小さい．
③ 抵抗値が安定．
④ 銅に対する熱起電力が小さい．
⑤ 線・リボンなどの加工が容易．

これらの条件を満たすため，抵抗線の巻き方として，図17.4に示す巻き方が考案されている．

図(a)，(b)は薄い板に巻いたものを，(b)はLを小さくしたもの，(c)はCの値を小さくしたもの，(d)は(a)よりLの値が小さく，しかも(b)よりCは小さい．とくに高周波数特性は優れている．

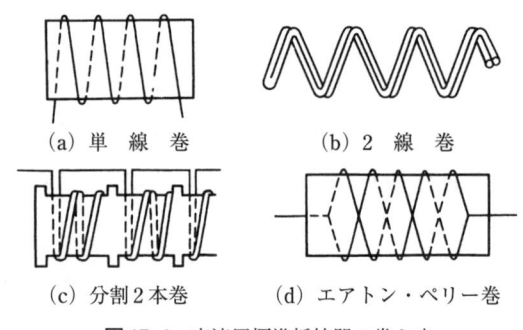

(a) 単 線 巻　　(b) 2 線 巻
(c) 分割2本巻　　(d) エアトン・ペリー巻

図17.4　交流用標準抵抗器の巻き方

17.3　標 準 誘 導 器 (standard inductor)

希望のインダクタンスを得るためにつくったコイルを，誘導器（inductor）という．標準誘導器には自己誘導器（self inductor）と相互誘導器（mutual inductor）とがある．これらには抵抗分をできるだけ小さくすること，インダクタンスが周波数や電流または温度によって変化しないことなどが要求される．

標準自己誘導器の一例を図17.5(a)に示し，等価回路を(b)に示す．

回路のインピーダンスは，

$$\dot{Z} = \frac{\gamma + j\omega\{L(1-\omega^2 LC) - r^2 C\}}{(1-\omega^2 LC)^2 + \omega^2 C^2 r^2} \tag{17.12}$$

標準インダクタンスであるので，当然 $\omega L \gg r$ である．周波数があまり高くなけ

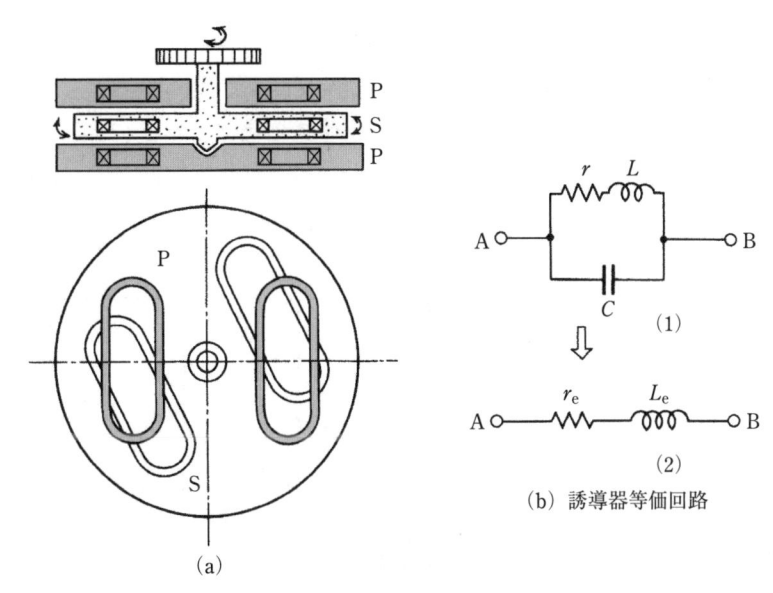

図 17.5 標準誘導器（ブルックス形）

れば，すなわち（$\omega^2 LC \ll 1$）が成り立てば，図(b)の(2)より
$$\dot{Z} = r^2 + j\omega L_e \tag{7.13}$$
と表せる．ここで，式(17.14)，(17.15)を比較して

$r_e = r(1 + 2\omega^2 LC)$ （等価抵抗）

$L_e = L(1 + \omega^2 LC)$ （等価インダクタンス）

である．L_e も r_e も周波数の2乗で増加することがわかる．

17.4 標準コンデンサ (standard condenser)

標準コンデンサとしては各種のものがあるが，損失係数が小さく，温度や測定周波数による容量値の変化が少なく，また長期安定であることが必要である．

$10^{-2} \sim 1\,000\,\mathrm{pF}$ 程度は空気コンデンサ（図17.6），$10^{-2} \sim 1\,\mu\mathrm{F}$ 程度は雲母板を重ねた雲母コンデンサ (mica condenser) を用い，$1 \sim 10\,\mu\mathrm{F}$ は金属箔の間にポリ

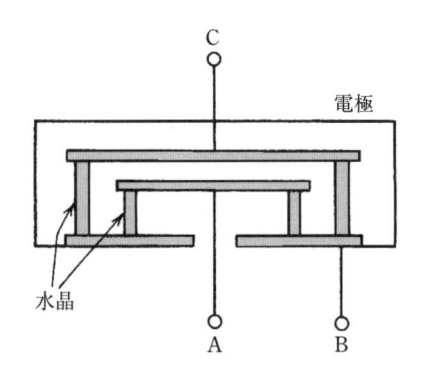

図 17.6 無損失空気コンデンサ

スチロールなどをはさんで巻いたスチロールコンデンサを用いる．

● 17.5 インピーダンス計（impedance meter）●

インピーダンス素子の値を測定するにはブリッジが有効であるが，電子回路による新しい測定法として，素子を接続すると無調整でインピーダンスを表示する装置も開発されている．図17.7にその一例を示す．

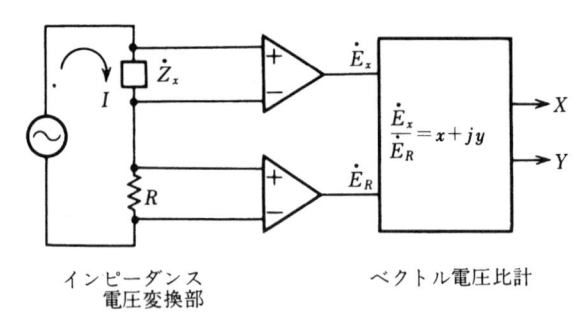

インピーダンス電圧変換部　　　ベクトル電圧比計

図17.7　電子インピーダンス計

図において，交流電源により測定インピーダンス $\dot{Z}$ と標準抵抗 R とに同一電流 I を流す．それぞれの端子電圧は，

$$\dot{E}_x = \dot{Z}_x I \tag{17.14}$$

$$\dot{E}_R = RI \tag{17.15}$$

となり，これらの電圧はそれぞれ増幅器に導かれる．増幅器の入力抵抗は十分高くしてあり，入力回路には電流は流れず，I の値は一定である．増幅された $\dot{E}_x$ と $\dot{E}_R$ に対して比率演算され，$\dot{E}_x/\dot{E}_R$ の実数成分 x と虚数成分 y とが求められる．すなわち，$\dot{E}_x/\dot{E}_R \equiv x+jy$ が求められ，これを上式から誘導される $\dot{Z}_x = (\dot{E}_x/\dot{E}_R)R$ に代入すると

$$\therefore \quad \dot{Z}_x = (x+jy)R \tag{17.16}$$

が得られる．すなわち，インピーダンス $\dot{Z}_x$ が求められる．これがインピーダンス計の原理である．マイクロプロセッサを内蔵するものでは絶対値，位相または R-C 並列，R-C 直列などにも変換できるものもある．

この方式では四端子インピーダンスの測定を行っているから，接続線が長くてもそのインピーダンスは影響しない．

● 17.6 相互インダクタンスの測定 ●

インダクタンスが L_1, L_2 なるコイルの相互インダクタンス M を測定するには，これらを図17.8(a)と(b)のように接続し，それぞれについて端子より見たインダクタンス L, L' を測定すれば求めることができる．

すなわち，

教程 17 インピーダンスの測定

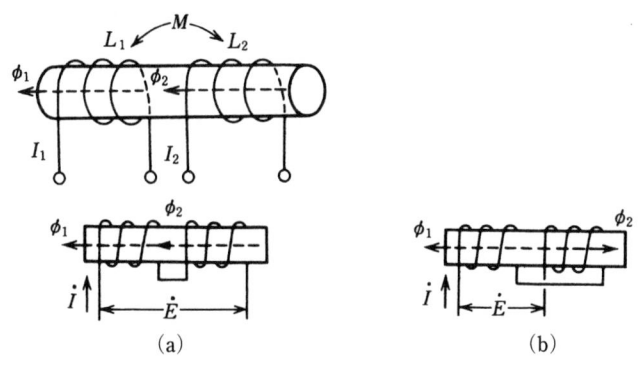

図 17.8 相互インダクタンスの測定

$$
\begin{aligned}
&\text{(a)の場合} \quad L = L_1 + L_2 + 2M \\
&\text{(b)の場合} \quad L' = L_1 + L_2 - 2M
\end{aligned}
\right\} \tag{17.17}
$$

以上より，

$$M = \frac{1}{4}(L - L') \tag{17.18}$$

17.7 容量の測定

共振法による容量などの回路定数の測定法は，高周波の場合しばしば用いられる．

図 17.9 (a) で，測定量 C_x の挿入前後で共振をとれば，

$$2\pi f L_s = \frac{1}{2\pi f C_{s1}} \tag{17.19}$$

$$2\pi f L_s = \frac{1}{2\pi f (C_{s2} + C_x)} \tag{17.20}$$

よって，

$$C_x = C_{s1} - C_{s2} \tag{17.21}$$

f を可変とし，C_s を固定しても測定できる．

図 17.9(b) は L，C による発振周波数を利用したもので，測定容量 C_x の挿入

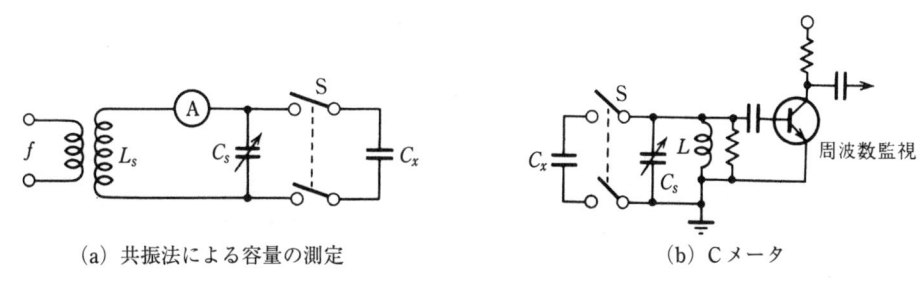

(a) 共振法による容量の測定　　　　(b) Cメータ

図 17.9 容量の測定

前後で発振周波数が変化しないように C_s を可変し,このときの C_s の値をそれぞれ,C_{s1},C_{s2} とすれば

$$C_x = C_{s1} - C_{s2} \tag{17.22}$$

周波数の基準に水晶振動子を用いており(10^{-6} の安定度),この計器を C メータと呼んでいる.

教程 18　各種交流ブリッジ

● 18.1　交流ブリッジ一般 ●

交流ブリッジは測定用としてだけでなく,センシング回路などへの応用面からも非常に重要である.図 18.1 のようなブリッジにおいて,その平衡条件は

$$\dot{Z}_1 \dot{Z}_4 = \dot{Z}_2 \dot{Z}_3 \quad \text{あるいは} \quad \frac{\dot{Z}_1}{\dot{Z}_2} = \frac{\dot{Z}_3}{\dot{Z}_4} \tag{18.1}$$

である.$\dot{Z}$(インピーダンス)はベクトル量であるから,式 (18.1) の両辺は,大きさと位相角が等しくなければならない.すなわち,

$$Z_1 Z_2 = Z_3 Z_4 \tag{18.2}$$

$$\theta_1 + \theta_4 = \theta_2 + \theta_3 \tag{18.3}$$

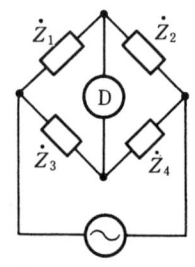

図 18.1　ブリッジ

の二つの条件を満足しなければならない.$\dot{Z}$ が直角座標式で表されるときは,両辺の実数部と虚数部がそれぞれ等しくなければならない.

そこで,交流ブリッジで平衡をとるためには,一般に,二つの素子を調整しなければならない.一方の不平衡が大きければ,他方をいくら精密に調整しても,不平衡電圧はあまり変化しないから,二つの素子を交互に調整する.

交流ブリッジは使用しやすいように,使用目的に従って,表 18.1 に示したような多くの接続法がある.表に示した平衡条件は,式 (18.1) あるいは次に示す等価回路を組み合わせて求められる.

● **a. 相互誘導回路の等価回路**　図 18.2(a) の相互誘導回路は図 (b) の等価回路で表される.

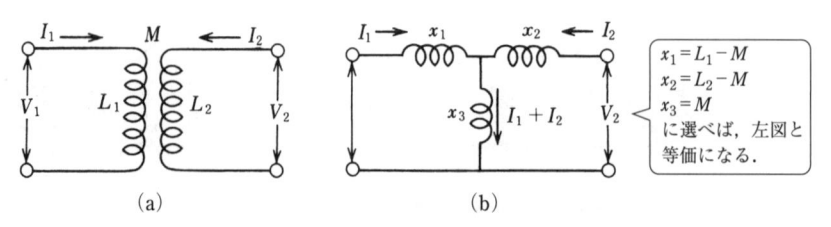

$x_1 = L_1 - M$
$x_2 = L_2 - M$
$x_3 = M$
に選べば,左図と等価になる.

図 18.2　相互誘導回路の等価回路

教程18 各種交流ブリッジ

表18.1 交流ブリッジとその平衡条件

名称	デソーテブリッジ	直列抵抗ブリッジ	並列抵抗ブリッジ	ウィーンブリッジ	シェーリングブリッジ
構成回路	(図)	(図)	(図)	(図)	(図)
平衡条件	$\dfrac{C_1}{C_2}=\dfrac{S}{Q}$	$\dfrac{C_1}{C_2}=\dfrac{S}{Q}=\dfrac{R}{P}$	$\dfrac{C_1}{C_2}=\dfrac{S}{Q}=\dfrac{Q}{P}$	$\dfrac{C_1}{C_2}=\dfrac{S}{Q}-\dfrac{R}{P}$ $C_1 C_2 = 1/\omega^2 PR$	$\dfrac{C_1}{C_2}=\dfrac{S}{Q}$ $P=\dfrac{C_3}{C_2}Q$

名称	マクスウェルブリッジ(L-L)	マクスウェルブリッジ(L-C)	アンダーソンブリッジ	ヘイブリッジ	共振ブリッジ
構成回路	(図)	(図)	(図)	(図)	(図)
平衡条件	$\dfrac{L_1}{L_2}=\dfrac{Q}{S}=\dfrac{P}{R}$	$SP=QR=\dfrac{L}{C}$	$SP=QR$ $L=CQ\left(r\left(1+\dfrac{R}{S}\right)+R\right)$	$L=QRC(1+\omega^2 C^2 S^2)$ $P=\dfrac{QR\omega^2 C^2 S}{(1+\omega^2 C^2 S^2)}$	$\omega^2 LC = 1$ $SP=QR$

名称	オーエンブリッジ	ヘビサイドブリッジ	ケリー・ホスタブリッジ		
構成回路	(図)	(図)	(図)		
平衡条件	$L=QRC_2$ $P=\dfrac{C_2}{C_1}R$	$SP=QR$ $L_1-L_2\dfrac{Q}{S}=-(1+\dfrac{Q}{S})M$	$P=0$ $-M=QRC$ $L=-M\left(1+\dfrac{S}{Q}\right)$		

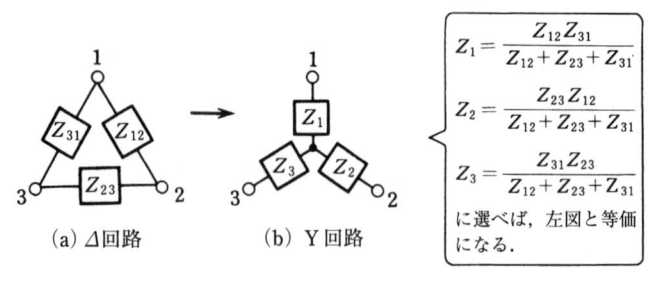

$$Z_1 = \frac{Z_{12}Z_{31}}{Z_{12}+Z_{23}+Z_{31}}$$

$$Z_2 = \frac{Z_{23}Z_{12}}{Z_{12}+Z_{23}+Z_{31}}$$

$$Z_3 = \frac{Z_{31}Z_{23}}{Z_{12}+Z_{23}+Z_{31}}$$

に選べば，左図と等価になる．

(a) Δ回路　　(b) Y回路

図18.3　Δ-Y変換

- **b. Δ-Y変換**（デルタ-スター変換）　図18.3(a)のΔ回路は図(b)のY回路で等価的に表される．

18.2　交流ブリッジの代表例

- **a. マクスウェルブリッジ**（Maxwell bridge）（図18.4）　コイルのインダクタンスの測定に用いる．図18.4において，平衡のとれたときは

$$(P+j\omega L_x)S = (R+j\omega L_s)Q \tag{18.4}$$

$$\left.\begin{array}{l}\text{実部：}PS=RQ\\ \text{虚部：}L_xS=L_sQ\end{array}\right\} \tag{18.5}$$

$$\therefore \quad \frac{L_x}{L_s} = \frac{P}{R} = \frac{Q}{S} \tag{18.6}$$

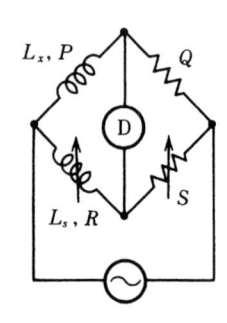

図18.4　マクスウェルブリッジ

したがって，可変の標準誘導器があれば，二つの平衡条件を独立に調整できるので便利なブリッジである．ここでは L_s と L_x を比較（いずれか一方が未知）する場合である．

- **b. ケリー・ホスタブリッジ**(Carey Foster bridge)（図18.5）　相互誘導回路部分の等価回路を図18.5(b)に示す．これを相互誘導回路部分と置換して，対辺のインピーダンスの積を等しいとおくと，次式が得られる．

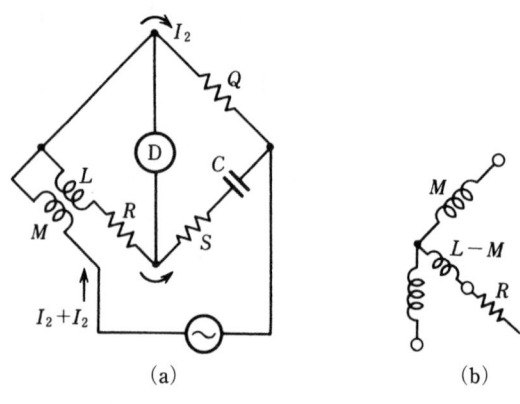

図18.5　ケリー・ホスタブリッジ

教程 18　各種交流ブリッジ

$$j\omega M\left(S+\frac{1}{j\omega C}\right)=Q\{R+j\omega(L-M)\} \tag{18.7}$$

実数部　$M=CQR$,　虚数部　$L=M\left(1+\dfrac{S}{Q}\right)$ (18.8)

実数部を C と R で調整し，虚数部を S, Q で調整すれば，それぞれ独立に調整できる．M のほか，L の測定に適している．

● c. **アンダソンブリッジ**（Anderson bridge）（図 18.6）　平衡条件は

$$(P+j\omega L)Z_c=Q(R+Z_b) \tag{18.9}$$

$$\therefore\quad \frac{(P+j\omega L)S}{1+j\omega C(r+S)}=Q\left\{R+\frac{j\omega CrS}{1+j\omega C(r+S)}\right\} \tag{18.10}$$

実数部から，

$$SP=QR \leftarrow r \text{ に無関係} \tag{18.11}$$

虚数部から，

$$L=CQ\left\{r\left(1+\frac{R}{S}\right)+R\right\} \tag{18.12}$$

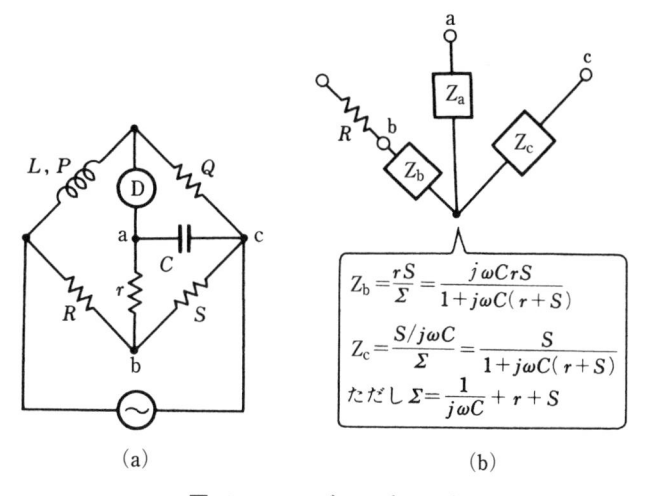

図 18.6　アンダソンブリッジ

このブリッジでは，C が固定でも抵抗の調節で平衡がとれる利点がある．

● d. **シェリングブリッジ**（Shering bridge）（図 18.7）　試供コンデンサの損失は，$V_xI_x\cos\varphi \fallingdotseq V_xI_x\tan\delta$，ベクトル図より

$$\tan\delta=r_x/\left(\frac{1}{\omega C_x}\right) \tag{18.13}$$

平衡条件

$$r_x=\frac{CR}{C_s},\quad C_x=\frac{C_sr}{R} \tag{18.14}$$

を代入して，

$$\tan\delta = \omega rC \tag{18.15}$$

一般に，r_x は小であるが，このブリッジでは極端な値の素子は不要である．また C_x に高圧をかけても操作部は大地電位にあり危険はなく，図 18.7 のようにコンデンサに高圧を印加した状態での誘電損の測定に適している．絶縁体の $\tan\delta$ を最も精密に測定しうるブリッジである．これがシェリングブリッジの特長である．

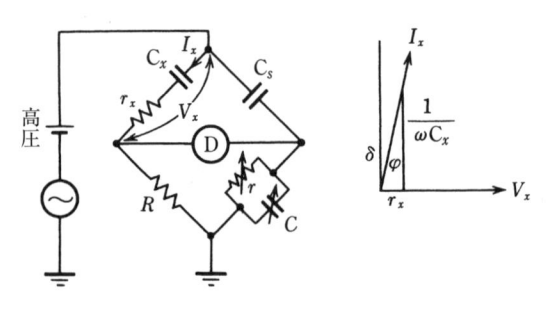

図 18.7　シェリングブリッジ

第4部 磁 気 測 定

教程 19　磁気の測定法

　　磁気に関する量の測定は，電気磁気現象を利用したエネルギー変換装置，たとえば，発電機，モータ，変圧器などの励磁回路と磁気回路の特性を定量的に把握するために重要である．また，最近では磁界との相互作用に基づいて，さまざまの物理量を測定する磁気センサが開発されており，そのための磁界に対する特性測定や校正も重要になっている．

　　これらの装置において必要となる磁気に関する量の測定は，磁界の強さや磁束密度など磁界に関する量の測定と，材料の磁気性質に関する量の測定に大別できる．本教程では，これらの測定の考え方と測定装置について説明する．

19.1　磁界に関する量の測定法

　　磁界に関する量の測定は，磁束，磁束密度，磁界の強さの測定が中心となる．これらの測定は，一般に電気磁気の法則を利用する方法，物質の電気的特性の磁界による変化を利用する方法に分類することができる．

　　a．電気磁気の法則を利用する測定法　　この測定法は電磁誘導の法則に基づいており，磁束または磁束密度が測定できる．測定は磁束や磁束密度を，磁界中に置かれたコイルに発生する起電力に変換することによって行われる．このコイをさぐりコイル（search coil）と呼ぶ．さぐりコイルによる磁束・磁束密度の測

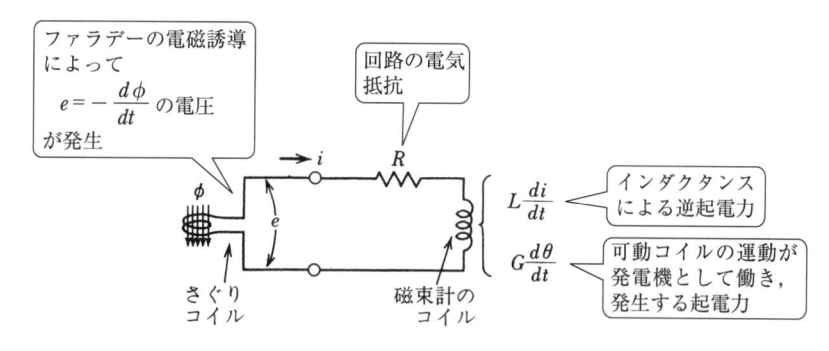

図 19.1　さぐりコイルによる磁束測定回路

ファラデーの電磁誘導によって $e = -\dfrac{d\phi}{dt}$ の電圧が発生

回路の電気抵抗

インダクタンスによる逆起電力 $L\dfrac{di}{dt}$

可動コイルの運動が発電機として働き，発生する起電力 $G\dfrac{d\theta}{dt}$

さぐりコイル　　磁束計のコイル

定原理を，図 19.1 によって説明する．

いま，巻数 n のさぐりコイルに鎖交する磁束 ϕ〔Wb〕が，コイルの移動あるいは磁界の時間変化によって増減するとき，コイルには次式で表される電圧 e〔V〕が誘起する．

$$e = -n \frac{d\phi}{dt} \tag{19.1}$$

この式から，磁束 ϕ はコイルの誘起起電圧を時間積分することによって得られることがわかる．この積分には，電子回路による積分器が利用される．この電子回路積分器を用いた磁束計は，エレクトロニック磁束計としてよく知られている．以下に，積分法と測定器を示す．

電子回路による積分（エレクトロニック磁束計）：　図 19.2 に，さぐりコイルの出力電圧を積分器で積分するエレクトロニック磁束計の回路図を示す．積分器は，演算増幅回路にコンデンサと抵抗による帰還回路を付加したものである．積分器にさぐりコイルからの誘起起電圧 e_i〔V〕を加えると，次式で表される磁束に比例した出力電圧 e_o〔V〕を得る．

$$e_o = -\frac{1}{CR}\int e_i dt = \frac{1}{CR}\int \left(-n\frac{d\phi}{dt}\right)dt = \frac{1}{CR}n\phi \tag{19.2}$$

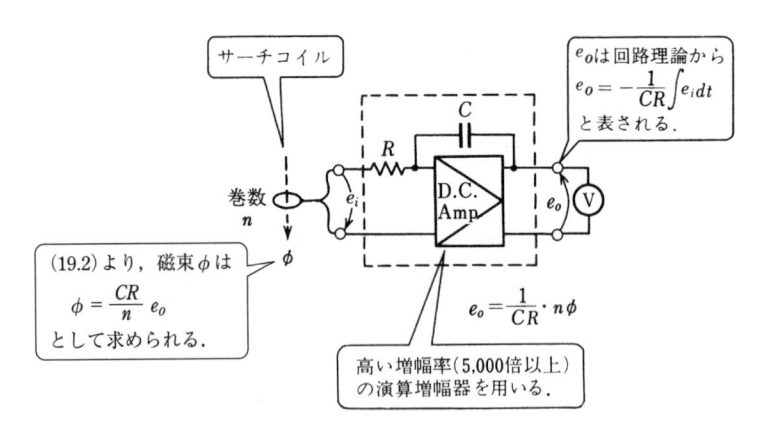

エレクトロニック磁束計では $n\phi = 1\times 10^{-3} \sim 1\,000\times 10^{-3}$〔Wb・T〕の広範囲の測定が可能である．

図 19.2　エレクトロニック磁束計の積分回路

●b．**物質の電気特性の磁界による変化を利用する測定法**　　半導体や磁性体は，磁界によってそれらの電気特性や磁気特性が変化する．**ホール効果**（Hall effect），**磁気抵抗効果**（magneto-resistance effect）などの特性を利用したものがある．

また，磁界中に置かれた物質内部の電子や核の核磁気モーメントが外部磁界の

影響を受けることによって，物質に加えた電磁波の共鳴吸収周波数が異なることを利用した**核磁気共鳴吸収**（NMR）測定法がある．この方法は数T程度の高磁束密度を測定することができる．

さらに，鉛や錫などの超伝導物質で1nm程度の厚さの酸化物絶縁膜をはさんだジョセフソン素子の酸化膜間に流れるトンネル電流が，接合面に垂直にかけられた磁界の強さの飛び飛びの値に対して極大値を示すことを利用した測定法もある．これは超伝導量子干渉素子（Super-conducting QUantum Interference Device；SQUID）と呼ばれ，10^{-15}T程度の微小な磁束密度を測定することができる．

1）ホール効果を利用した磁束密度測定法： 図19.3に示すように，ゲルマニウム，シリコン，インジウム-アンチモンなどの厚さt〔m〕の半導体板に電流I〔A〕を流し，板面に垂直に磁束密度B〔T〕の磁界を加えると，電流と磁界の両方向に垂直な方向に起電力V_H〔V〕が発生する．この現象をホール効果という．

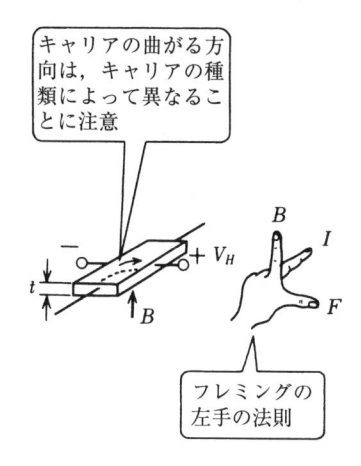

図19.3 ホール素子

発生する起電力V_Hは電流，磁束密度，試料の厚さから，次のように表される．
$$V_H = R_H \cdot I \cdot B / t \; 〔V〕 \tag{19.3}$$

ここで，R_Hは半導体の種類によって決まる定数でホール係数と呼ばれており，p形半導体では正の値，n形半導体では負の値である．R_Hはゲルマニウム真性半導体では3.1×10^{-2} m³/Cである．ホール素子は流す電流を一定にしておくと，磁束密度に比例したホール電圧を生じることになる．したがって，R_H，t，Iを定めると，磁束密度を電圧計で直読することができる．ガウスメータはこの原理に基づくよく知られた磁束密度測定器で，$2 \times 10^{-3} \sim 2\,000 \times 10^{-3}$ Tの磁束密度をDC～5×10^2 Hzの変化範囲で測定することができる．

2）磁気抵抗効果を利用した磁束密度測定法： 電子移動度の大きな半導体あるいは強磁性体金属薄膜は，磁界が加わるとホール効果と同様に，電子がその

移動方向と磁界の両方向に垂直な方向の力を受けて移動する方向が変化する．その結果，半導体内の電流が加えた電界に平行でなく，ある角度（ホール角）をもって流れることになる．磁界とそれによる電流の流れの変化は，電流の経路の増加，すなわち電気抵抗の増加として観測される．このような現象は磁気抵抗効果と呼ばれる．この磁気抵抗効果を利用した測定法は，10^{-1} T 以上の磁束密度を測定することができる．

19.2 磁性材料に関する量の測定法

磁性材料の磁気特性としては，一般に**磁化特性**とその**ヒステリシス特性**が重要である．

磁化特性から**透磁率**（B/H）が測定でき，ヒステリシス特性から**保磁力** H_c，**残留磁束密度** B_r が測定できる．また，交流励磁による磁化特性のヒステリシスループは，その囲まれた面積が磁性体のヒステリシス損になり，これは変圧器などの磁性体の鉄損として現れる．以下に，直流と交流のそれぞれの励磁法の場合について，磁化特性測定法を説明する．これらの特性測定は，前述の磁界の強さや磁束密度の測定法を応用したものでもある．

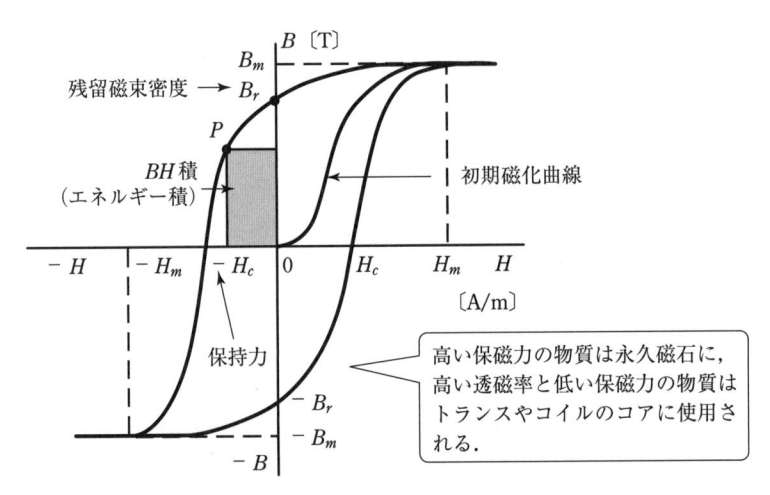

図 19.4　ヒステリシスループと初期磁化曲線

● a．**直流法による磁化特性の測定法**　　環状試料全体に，励磁コイル（一次コイル）を均一に巻くと，① 磁界を $H = N_1 I / l$ で計算できる，② 試料内部で磁束密度は均一になる．

測定には磁路の長さ l [m] が容易に測定でき，しかも磁束密度を均一にできる環状試料が用いられる．試料は直流電流によって励磁する．この励磁によって発生した試料内の磁束は，さぐりコイルとして巻いた二次コイルに誘起する起電力から求められる．磁束密度は得られた磁束を環状試料の断面積で割ることから求めることができる．一方，励磁磁界の強さは励磁コイル N_1 [巻] に流した電流

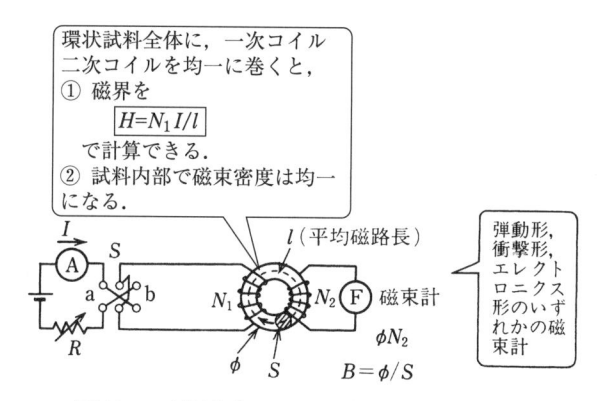

図 19.5 直流励磁による磁性体の磁化特性の測定

値 I〔A〕から求めることができる．すなわち，

$$H = N_1 \cdot I/l \text{〔A/m〕} \tag{19.4}$$

磁化特性は，磁性体の磁束密度が励磁磁界の強さの正負のそれぞれについて飽和するまで，励磁磁界の強さを変化させることによって測定する．この磁界の強さ H〔A/m〕に対する磁束密度 B〔T〕をグラフにして表すと，図 19.4 に示すヒステリシスループが得られる．ここで，あらかじめ直流あるいは交流によって消磁した後の，励磁磁界，磁束密度ともにない場合の状態から磁束密度が飽和するまでの特性は，**初期磁化曲線**と呼ばれる．この特性から**初透磁率**を求めることができる．また，直流励磁における透磁率は，磁束密度を磁界の強さで割ることによって**増分透磁率**を，磁化曲線を磁界の強さで微分することによって**微分透磁率**を求めることができる．

磁性体は一般に磁束密度の飽和後に励磁磁界を除いても，磁束密度がなくならない．この残留した磁束密度 B_r〔T〕を残留磁束密度という．また，この残留磁束密度をなくすように，逆の励磁を行ったときの磁界の強さ H_c〔A/m〕を保磁力という．B_r, H_c の測定は磁性体の磁化の程度を表すのに重要である．

● **b．交流法による磁化特性の測定法**　交流励磁による磁化特性は，図 19.6 に

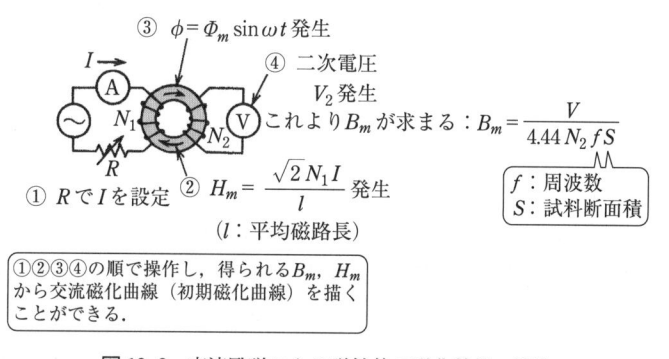

図 19.6 交流励磁による磁性体の磁化特性の測定

示すように直流励磁の場合と同様の装置で測定する．励磁磁界の強さは励磁交流電流で測定し，試料内の磁束密度は二次コイルに接続した交流電圧計で測定する．

この交流磁化特性は，前述の直流励磁で得られる初期磁化曲線を表している．交流励磁法では，ヒステリシスループはオシロスコープでリサージュ曲線を描かせる方法で容易に直視することができる．図 19.7 は，この測定法の概略を示したものである．

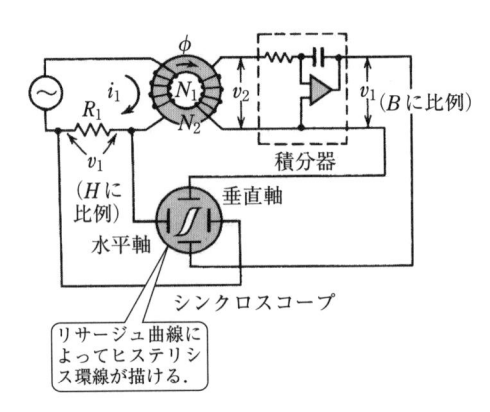

図 19.7　ヒステリシス環線直視装置

ヒステリシスループは，シンクロスコープの横軸に励磁電流を，縦軸に二次コイルからの電圧を積分回路で積分した出力を加えることによって，リサージュ曲線として描くことができる．励磁電流の周波数を 0.1 Hz 以下にして，ヒステリシスループをX-Yレコーダで記録することもできる．

●c. 鉄損の測定法　電力設備に使用される磁性材料の良否はほとんど鉄損の大小で決まる．鉄損は前述の磁化特性のヒステリシスによるもの（環線の面積に比例する損失）と，うず電流損を加えたものである．これらの損失は磁性体の加熱に費やされる．測定には，工業的に磁性材料の鉄損測定法として認められている，図 19.8 に示すエプスタイン装置が使用される．鉄損は磁性体の単位質量当たりの損失電力として表す．

エプスタイン装置は，励磁コイルと二次コイルをそれぞれ4組にし，それらを正方形に配置して，そのコイル内に短冊形に切った鉄板を重ねて束にした4組の試料を入れ，閉磁気回路を形成したものである．

結線は電力計の電流コイルに励磁電流を，電圧コイルに二次コイルからの電圧を接続する．この場合，電力計の指示値は励磁コイルの巻数を N_1〔回〕，二次コイルの巻数を N_2〔回〕とすると，鉄損の N_2/N_1 倍を示すこと，また指示値には二次回路の銅損が含まれていることに注意しなければいけない．

教程 19 磁気の測定法

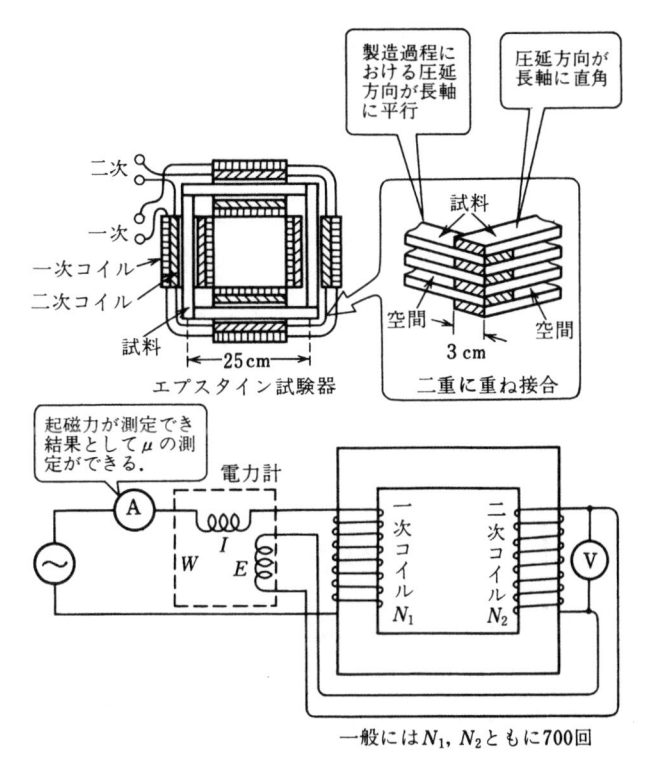

図 19.8 エプスタイン装置による鉄損の測定

　短冊状の試料には，JIS に定められた長さ 2.8×10^{-1} m，幅 3×10^{-2} m の形状で全重量 2 kg のものが使用される．鉄損に含まれるヒステリシス損とうず電流損は周波数の関数である．ヒステリシス損は周波数に比例するが，うず電流損は周波数の 2 乗に比例するので，異なった周波数で鉄損を測定すれば，これらの二つの損失を分離することができる．

　残留磁束は磁気飽和させるに十分な励磁界を，極性を変えながら徐々に小さくすることによって消磁できる．

演習問題

- 1.1 誤差の種類を三つあげ，それらの対策について説明しなさい．
- 1.2 ある電流計が 4.25 A を示している．その指示値における補正率は 0.8 % であるとき，補正後の電流値はいくらになるか計算しなさい． (4.28 A)
- 1.3 国際単位 SI における電気系組立単位 7 個の定義について説明しなさい．
- 2.1 指示電気計器を確度によって分類し，その用途を簡単に説明しなさい．
　　　　　(0.2 級副標準用，0.5 級精密測定用，1.0 級，1.5 級一般測定用，2.5 級工業用)
- 2.2 0.5 級の電流計があり，5 A レンジで使用されている．2 A を指示しているときの許容誤差を求めなさい． (±0.025〔A〕，指示値の 2 A には無関係)
- 2.3 指示電気計器の 3 要素をあげ，それぞれの役割を簡単に説明し，代表例を図示しなさい．
- 3.1 可動コイル形電流計において，磁束密度 $B=0.38$ T，コイルの長さ $l=2.2$ cm，幅 $b=1.8$ cm，巻数 $n=90$ なる可動コイルに電流 $i=2.5$ mA が流れた場合に生ずる ① 駆動トルクを求めなさい．
　　　　また，② $\tau=3.23\times10^{-5}$〔Nm/rad〕なる制御ばねを用いた場合の，指針の振れを求めなさい．
　　　　　　　　　　　　　　　　　　　　　　　　　(3.39×10^{-5}〔Nm〕，$\pi/3$〔rad〕)
- 3.2 可動コイル形計器の ① 動作原理を図解し，② 平均値形であるか実効値形であるかを説明しなさい．また，③ その特徴について述べなさい．
- 3.3 可動コイル形計器の可動コイルは，なぜアルミニウム枠上に巻いているのか．その理由を述べなさい．
- 3.4 最大目盛 50 mV，内部抵抗 10 Ω の直流電圧計がある．下記の電流または電圧に対し，最大目盛を指示させたい．各々の場合の分流器または倍率器の抵抗を求めなさい．1) 50 mA　2) 150 A　3) 3 V　4) 600 V　　　　　　　　　(10/9〔Ω〕，1/2999.9〔Ω〕，590〔Ω〕，119990〔Ω〕)
- 3.5 抵抗 r の銅線を巻いた可動コイルに，温度補償の目的で抵抗 $9r$ のマンガニン線を直列にしたときの，合成温度係数はいくらになるか求めなさい．ただし，銅線の温度係数は 0.004/°C とし，マンガニン線のそれを 0 とする．
  〈参考：直列高抵抗による温度補償　温度係数の無視しうるようなマンガニン線などの抵抗 R を，可動コイルに接続した回路の合成抵抗 R_1 は

$$R_1 = r[1+\alpha_0 t]+R = (r+R)\left[1+\frac{r\alpha_0}{r+R}t\right] = (r+R)[1+\alpha t]$$

　　　　　　　　　　　　　　　　　　($r \ll R$ にすれば，$\alpha \ll \alpha_0$ とすることができる．)
  R_1：ある基準温度から t °C 上昇したときの抵抗，r：基準温度におけるコイル抵抗，R：マンガニン抵抗（温度係数はほとんど 0），α_0：r の温度係数，α：全抵抗 ($r|R$) の係数〉
- 4.1 整流形計器の ① 動作原理を図解し，② 平均値形であるか実行値形であるか説明しなさい．また，③ 目盛が正弦波に対して実効値で表示されている理由を述べなさい．
- 4.2 整流形計器で直流 100 V を測ると，理論上何 V を指示するか求めなさい． (111 V)
- 4.3 熱電形計器の ① 動作原理を図解し，② 平均値形であるが実効値形であるかを説明しなさい．また，③ その特徴について述べなさい．
- 4.4 熱電形計器が高い周波数まで精度よく測定できる理由を述べ，またこの形の計器を使用するとき，どのような注意が必要か述べなさい．
- 4.5 熱電形計器の目盛は平等目盛か，2 乗目盛か，またその理由を述べなさい．
- 5.1 静電形計器の ① 動作原理を図解し，② 平均値形であるか実効値形であるか説明しなさい．ま

た，③ その特徴について述べなさい．

- 5.2 直列に接続した A, B 2個の静電電圧計を用いて，電圧 E を測定する場合において，A および B のそれぞれの指示 V_a および V_b を求めなさい．ただし，A および B のそれぞれの静電容量は C_a および C_b とする．   ($V_a = C_b E/(C_a + C_b)$, $V_b = C_a E/(C_a + C_b)$)
- 5.3 静電電圧計の特長ならびに欠点をあげなさい．また，静電形計器の用途について簡単に述べなさい．
- 5.4 可動鉄片形計器の ① 動作原理を図解し，② 平均値形であるか実効値形であるか説明しなさい．また，③ その特徴について述べなさい．
- 6.1 電流力計形計器の ① 動作原理を図解し，② 平均値形であるか実効値形であるか説明しなさい．また，③ その特徴について述べなさい．
- 6.2 電流力計形計器が可動コイル形計器に比較して，外部磁界の影響を受けやすいのは何故か，また，それを防ぐにはどのようにすればよいか．
- 6.3 電流力計形計器を電圧計や電流計として使用するときには，不平等目盛となるが，電力計として用いると平等目盛となる理由を説明しなさい．
- 6.4 電流力計形計器が交直両用の電流計となる理由を説明しなさい．
- 7.1 誘導形計器の ① 動作原理を図解し，② 平均値形であるか実効値形であるか説明しなさい．また，③ その特徴について述べなさい．
- 7.2 誘導形計器で広角度の計器ができる理由を述べなさい．
- 8.1 可動コイル形直流検流計の ① 動作原理を述べ，② 高感度にするためにとられている方法を述べなさい．
- 8.2 検流計用万能分流器の特長を述べなさい．
- 8.3 図 8.3 を参考に 1 倍，10 倍および 50 倍の 2 種の倍率をもつ万能分流器の抵抗を求め，その接続図を描きなさい．ただし分流器の全抵抗 S は 1000〔Ω〕とする．   ($R_1 = 900\,\Omega$, $R_{10} = 80\,\Omega$, $R_{50} = 20\,\Omega$)
- 9.1 誘導電力量計の動作原理を図解しなさい．
- 9.2 計器用変成器の目的を二つあげなさい．
- 9.3 変圧比 2200/110 の計器内変圧器を用いて測定したところ，電圧計は 95〔V〕を指示した．この場合の回路の電圧を求めなさい．   (1900 V)
- 9.4 計器用変流器の二次回路を使用中に開いてはならない理由を述べなさい．
- 10.1 直流電位差計の原理を図解しなさい．
- 10.2 電池の電圧を電位差計で測定したところ 1.31〔V〕であった．また電圧計で測定したところ 1.25〔V〕であった．これより電池の内部抵抗を求めなさい．ただし，電圧計の内部抵抗は 600〔Ω〕とする．（ヒント：電位差計によれば，電池の内部抵抗 r に関係なく起電力 E を測定できる．$V = E - Ir$）   (28.8 Ω)
- 11.1 直接測定と間接測定の例をあげなさい．
- 11.2 偏位法と零位法の得失を述べなさい．
- 11.3 電気単位の基本測定法（絶対測定）とはどのようなものか．
- 12.1 電圧を測定して次の値を得た．最小二乗法によって最確値を求めなさい．
  1.33, 1.29, 1.31, 1.29, 1.28〔V〕   ($V_0 = 1.30$〔V〕)
- 12.2 $V = pI + q$ という関係がある場合，表の値を得た．p, q の最確を求めなさい．

I〔A〕	3	4	6	8	9
V〔V〕	4	5	8	10	12

測定方程式は

$3p+q=4$	$a_1=3,$	$b_1=1,$	$m_1=4$
$4p+q=5$	$a_2=4,$	$b_2=1,$	$m_2=5$
$6p+q=8$	$a_3=6,$	$b_3=1,$	$m_3=8$
□	$a_4=$ □,	$b_4=$ □,	$m_4=$ □
$9p+q=12$	$a_5=9,$	$b_5=1,$	$m_5=12$

$\Sigma a_i^2 = 3^2+4^2+6^2+$ □ $+9^2=206$
$\Sigma b_i^2 = 1^2+1^2+1^2+$ □ $+1^2=5$
$\Sigma a_i b_i = 3+4+6+$ □ $+9=30$
$\Sigma a_i m_i = 3\times4+4\times5+$ □ $+8\times10+9\times12=268$
Σ □ $=39$

したがって**基準方程式**は

$206p+$ □ $q=268$
$30p+$ □ $q=$ □

これから p, q を求めると

$p=$ □ 〔 〕
$q=$ □ 〔 〕

最小二乗法によって求めた線を記入すること．

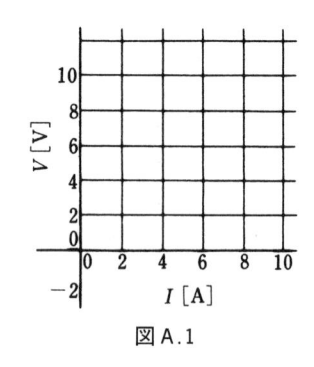

(図 A.1)

(1.308 Ω, −0.046 V)

● **12.3** 抵抗線の低効率 ρ を求めたい．線両端の抵抗 R を 0.5% の正確さで測定したとき，長さ l および半径 R はそれぞれ何 $\%$ の正確さで測定すべきか．

〔解〕

$$R=\rho\frac{l}{S}=\rho\frac{l}{\pi r^2} \quad \therefore \quad \rho=\frac{\pi r^2}{l}R$$

これにより，R, r, l の測定誤差 $\Delta R, \Delta r, \Delta l$ の ρ への伝播は

$$\Delta\rho=\left(\frac{\partial\rho}{\partial R}\right)\cdot\Delta R+\left(\frac{\partial\rho}{\partial r}\right)\cdot\Delta r \quad \Delta R-R\pi R\,2 \quad L\,2\cdot\Delta L$$

R が単位量変化したときの ρ の変化量

$$\Delta\rho=\frac{\pi r^2}{l}\cdot\Delta R+\boxed{}\cdot\Delta r-R\frac{\pi r^2}{l^2}\cdot\Delta l$$

左辺を ρ，右辺を $R\cdot\frac{\pi r^2}{l}$ で割ると

$$\frac{\Delta\rho}{\rho}=\frac{\Delta R}{R}+\boxed{}\frac{\Delta r}{r}-\frac{\Delta l}{l}$$

題意より $\Delta R/R=0.5\%$，したがって右辺 2 項，3 項も 0.5% 程度にすればよい．すなわち，

$$\frac{\Delta r}{r}=\boxed{}\%, \qquad \frac{\Delta l}{l}=0.5\%$$

程度の正確さで測定すればよい．

たとえば $l≒1\,\mathrm{m}$，$R≒1\,\mathrm{mm}$ の場合

$$\Delta l=1\,\mathrm{m}\times\frac{0.5\%}{100\%}=0.5\,\mathrm{cm} \quad (\text{巻尺で測定してよい})$$

$$\Delta r=1\,\mathrm{mm}\times\frac{0.25\%}{100\%}=0.0025\,\mathrm{mm} \quad (\text{マイクロメータが必要である})$$

$$\left(2R\frac{\pi r}{l},\ 2,\ 0.25\%\right)$$

●13.1 球ギャップによる高電圧の測定は [　　　] を始めたときの [　　　] の長さから被測定電圧を求める．この場合，大気の標準状態における放電電圧を求めるには，測定時の [　　　] および [　　　] によって定まる相対 [　　　] の値で測定値を補正する必要がある． （火花放電，ギャップ，気圧，周囲温度，空気密度）

●13.2 2個の電圧計がある．ともに125〔V〕まで読みうるもので，その1個は3500〔Ω〕，他の抵抗は2000〔Ω〕である．いまこの両器を用いて250〔V〕まで測りうるようにするにはどうすればよいか． （3500Ωの電圧計に並列に4666Ω）

●13.3 図A.2のような回路において，電流計A_1の読み28A，分流器Sをもつ電流計A_2の読み16A，分流器Sの抵抗0.05Ωであるならば，電流計A_2の内部抵抗はいくらか．
$\left(R = \dfrac{0.15}{4} = 0.0375 (\Omega)\right)$

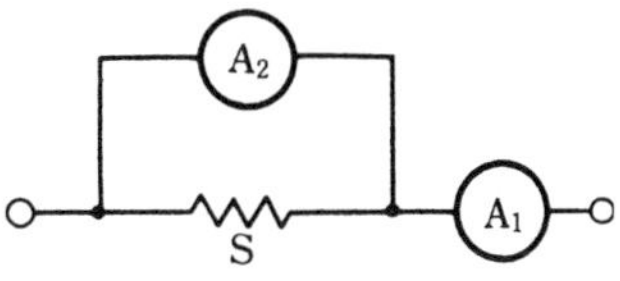

図A.2

●14.1 単相交流の有効電力は [　　　] × [　　　] ×$\cos\theta$ で，また無効電力は [　　　] × [　　　] × [　　　] で示される．ここに [　　　] は [　　　] を，[　　　] は [　　　] を表わし，θ は [　　　] を表わす． （$E, I, E, I, \sin\theta, E,$ 線間電圧，$I,$ 電流，力率角）

●14.2 平衡した三相交流の線電流をI〔A〕，相電圧をV〔V〕，その間の位相差をθ度とすれば，三相電力は [　　　]〔W〕，三相無効電力は [　　　]〔　　〕，三相皮相電力は [　　　]〔　　〕で表わされる． （$3VI\cos\theta, 3VI\sin\theta,$ Var, $3VI,$ VA）

●14.3 三相電力を測る方法で，二つの単層電力計を用いるものは，[　　　] 法と呼ばれる．この方法では，三相電力は二つの計器の読みの [　　　] になる． （二電力計，和）

●14.4 図14.2に示す三電圧計法で，$z=10$ V，$V_1=100$ V，$V_2=50$ V，$V_3=150$ V のとき，負荷の消費電力を求めなさい． （500 W）

●14.5 図A.3のように，ある負荷と抵抗Rを並列に接続し，100 V の交流電圧を印加したとき，各枝路に入れたA_1, A_2およびA_3は，それぞれ17 A，9 A および10 A を指示した．負荷の消費電力および力率，ならびに電源から見た全消費電力および力率を求めなさい．
（$P=600$ W，$\cos\varphi=0.6$，$P_0=1500$ W，$\cos\varphi_0=0.882$）

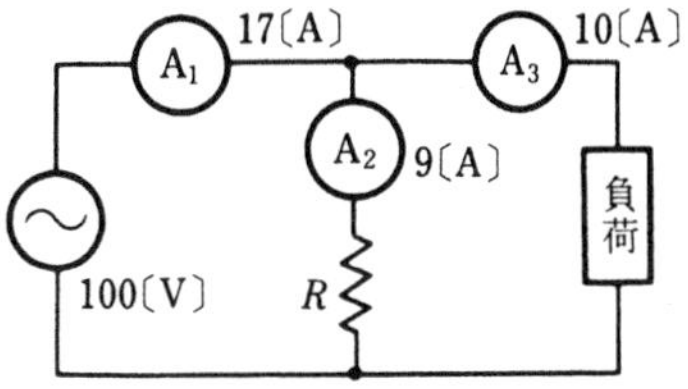

図A.3

●14.6 100 V，50 Hz の電源に対し，負荷が$Z=10+j5$〔Ω〕のとき，この負荷に流れる (a) 電流値，(b) 電流の位相，(c) 力率，(d) 有効電力，(e) 無効電力，(f) 皮相電力を算出しなさい．
（8.94 A，$-26.6°$，0.894，800 W，400 Var，894 VA）

●15.1 位相測定において図A.4のようなリサジュー図形が得られた．$a=2$ cm，$b=1$ cm のときの$|\varphi|$を求めなさい．また，スポットが矢印の向きに移動しているときのV_Vの波形を描きφの符号を判定しなさい． （150°，＋）

●15.2 図A.5のようなブリッジの平衡条件から電源の周波数f〔Hz〕を求めなさい．ただし，P, Q, R, Sは無誘導抵抗〔Ω〕，Lはインダクタンス〔H〕，Cは静電容量〔F〕とする．
（$f=1/(2\pi\sqrt{LC})$）

●15.3 ブラウン管オシロスコープは，一般に [　　　] インピーダンスが [　　　] いので，[　　　] に及ぼす影響が少なく，[　　　] い周波数まで微弱な信号を観測することができ，また，多現象の [　　　] 観測ができるなどの特長がある．

演 習 問 題

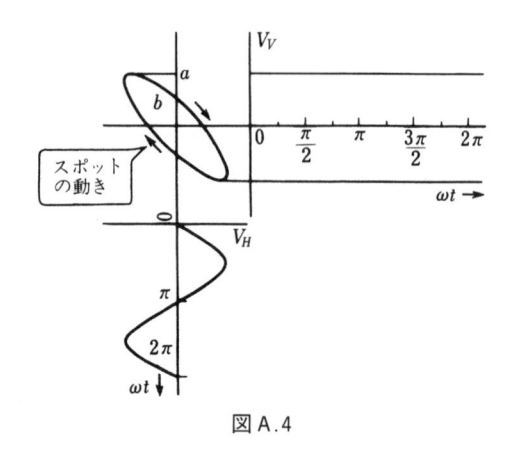

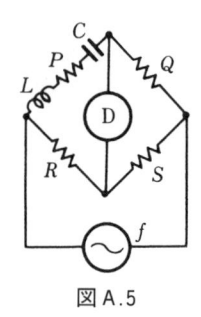

図 A.4

図 A.5

(入力, 高, 測定回路, 高, 同時)

- 16.1　低抵抗測定において ① 抵抗を4端子接続する, ② 電圧測定回路を高抵抗にする理由を述べなさい.
- 16.2　ダブルブリッジの比例辺の抵抗値は, 導線の [　　　] が無視できるように少なくとも 10 Ω [　　　] の値にしておく.　　　　　　　　　　　　　　　　　　(抵抗, 以上)
- 16.3　抵抗に電流を流して電流値と電圧値とを測定し, これから抵抗値を求める方法を [　　　] 法という. この場合, 電圧計を抵抗の両端間に接続する方法と, 抵抗と電流計を直列に接続しその両端間に電圧計を接続する方法の二通りの方法がある. 前者は [　　　] の内部抵抗の影響が無視できないほど被測定抵抗の値が [　　　] ときに適し, 後者は [　　　] の内部抵抗の影響が無視できないほど被測定抵抗の値が [　　　] ときに適している.
(電圧降下, 電流計, 小さい, 電圧計, 大きい)
- 16.4　図 A.6 のように電圧計と電流計とを用いて未知抵抗 R を測定する場合, a, b 間の電圧を一定に保つものとし, スイッチ S を開いたときは電流計は 2.2 A を示し, 閉じたとき電圧計は 123 V, 電流計は 2.24 A を示した. R の値はいくらか. ただし, 電流計の抵抗は 0.1 Ω である.　　　(55.9 Ω)

図 A.6

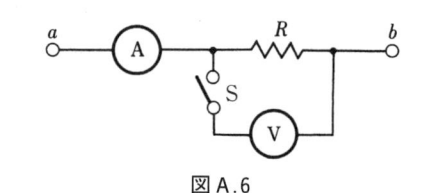

- 17.1　標準コンデンサとして最も大切な条件は, 容量が [　　　] していること, [　　　] が少ないことである. これには [　　　] コンデンサが最適であるが, [　　　] は [　　　] が小さいので大形になる.　(安定, 損失, 空気, 空気, 比誘電率)
- 17.2　交流測定用の無誘電巻線抵抗の巻き方のうち実用されているもの2種を示し, 説明しなさい.
- 17.3　AB 端子からみた等価インダクタンスを求めなさい. ただし $L_1=2\,\mathrm{mH}$, $L_2=3\,\mathrm{mH}$, $|M|=2\,\mathrm{mH}$ とする.

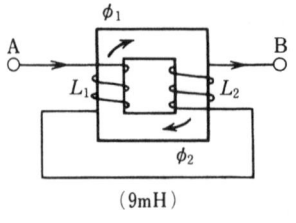

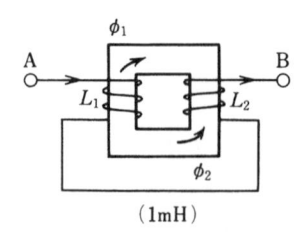

(9mH)　　　　　(1mH)

図 A.7

● **18.1** 図 A.8 のブリッジにおいて，$r=400\,[\Omega]$，$C=0.1\,[\mu\mathrm{F}]$ で平衡した．未知抵抗 R およびインダクタンス L の値を求めなさい．
$$(L=25\,[\mathrm{mH}], \quad R=625\,[\Omega])$$

● **18.2** 交流ブリッジの検出器としてレシーバを用いる場合，電源の周波数は，普通，□□□ Hz が用いられる．これはこの周波数の音に対し □□ の □□ の感度が最も □□ からである．
(1000, 人間, 耳, 高い（良い）)

● **18.3** 次のブリッジのうち，平衡しうるものについて，平衡条件を示しなさい． ((a)が平衡する)

● **19.1** エレクトロニック磁束計における積分回路の役割を説明しなさい．

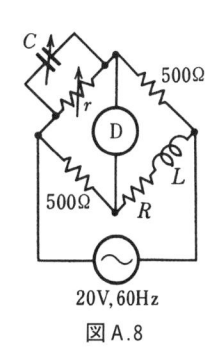

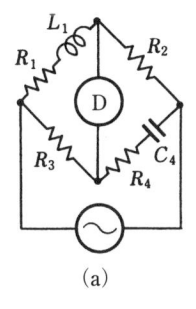

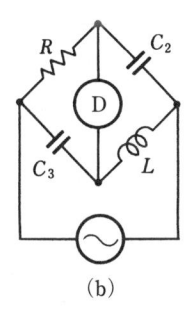

図 A.8

図 A.9

● **19.2** n 形半導体に電流密度 $J\,[\mathrm{A/m^2}]$ の電流を流すとき，それに直角な方向に □□ $B\,[\mathrm{T}]$ の磁界を加えると，□□ する方向に電圧が発生する．この現象を □□ 効果といい，その比例定数を □□ と呼ぶ．文章の空白を埋めなさい．
(磁束密度, 両者に直交, ホール, ホール定数)

● **19.3** 次の用語を説明しなさい．
(1) 初期磁化曲線，(2) ヒステリシスループの直視法

● **19.4** エプスタイン装置の使用目的を説明しなさい．

第2編　電子計測

第5部　電子計測システム

| 教程20 | 計測技術と計測システム |

20.1　計 測 技 術

　　計測は測定対象からの情報を定量的に検出変換し，明確に認識者に伝達することを目的にしている．このような行為は環境状況を知り，それに適応しようとする生物の営みにもみることができる．すなわち，計測とは認識者（制御者も含まれる）である主体者が，それと異なる客体者（さまざまの環境，現象などの測定対象）を知ろうとするところに起こる必然の働きということができる．

　　エンジニアリングの部門では産業の多様化高付加価値生産化とともに，コンパクトでリライアビリティの高い計測法が重要視されている．このような計測法の実現には，次にかかげる材料と情報にかかわる技術が不可欠である．

① 材料技術：必要とする情報を高感度精度で検出できる新しいセンサ材料の探索，また検出した情報を忠実にしかも次段階で処理しやすい形態にできる，よりコンパクトな能動素子材料の開発．

② 回路技術：高精度高速で信号変換処理のできるシグナルコンディショナ，フィルタ，コンピュータインターフェースなどの回路の設計製作．

③ コンピュータ技術：複数のセンサあるいは処理装置から伝達される情報をリアルタイムで処理し，対象の認識制御を行うファームウエア技術とソフトウエア技術．

　　このような計測技術を基に，有用な情報を検出し認識制御する一貫したハードウエア・ソフトウエア技術体系を計測システムと呼ぶ．

20.2　計測システム

　a．計測システムのハードウエア　　計測システムはハードウエアの観点から考えると，図20.1に示すように計測対象と認識者とをつなぐ媒体とみることができる．この媒体は，それに接する対象と情報交換する機能をもつ複数のインターフェースをもっている．これらのインターフェースのうち，計測対象に接す

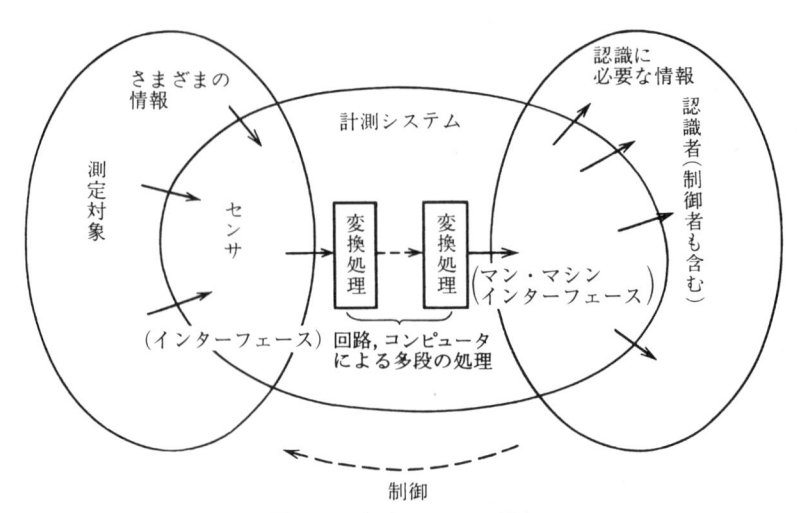

図 20.1 計測システムの概念

る部分のインターフェースは対象からの情報を取り込む系の最初の変換装置であり，**センサ** (sensor) と呼ばれている．

センサは狭い意味からは，人間や生体の五官を代替する働きをする物性型の**トランスデューサ** (transducer)* とみることもできる．しかし，材料技術の進展と能動回路素子の高機能化によって，センサは五官の代替機能以上の多用途複合機能をもつ広義の検出装置として考えられるようになってきている．JIS の定義によると，センサは対象の状態に関する測定量を変換する系の最初の要素と明示されている**．すなわち，センサは計測対象に対するインターフェース (interface) なのである．

一方，認識者に対するインターフェースはマン・マシンインターフェースと呼ばれる．この部分には，計測器からあるいは信号処理したコンピュータからの出力情報を，認識者に容易にしかも正確に伝達する装置が置かれる．この場合，必要に応じて測定装置や信号処理装置に指示を与える応答システムを講じることも重要である．マン・マシンインターフェースは現在最も遅れている部分でもある．

このほか，計測システムの内部には，他の測定器や信号処理装置と相互の情報交換を行うインターフェースもある．

以上のセンサ，マン・マシンインターフェースなどのインターフェースは大規模なシステムはもとより，局所において使用されるごく小さな装置においても十分検討しなければならない機能である．

---

* トランスデューサは測定量に対応して処理しやすい出力信号を与える変換器（最初の，あるいは二次，三次の）と定義されている．
** JIS Z 8103 (2000 年改訂) で定義されている．

b. 計測システムのソフトウエア　計測システムにおける情報の流れを，ソフトウエアの観点から考えると図20.2に示すようになる．

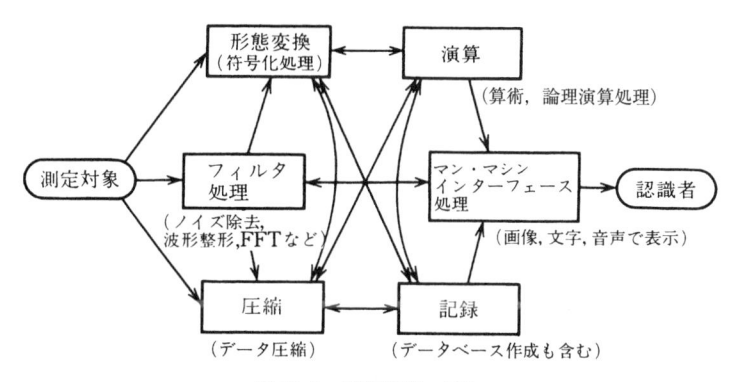

図 20.2　計測情報の流れ

　一般的には，センサからの情報はノイズ除去や増幅などによって質の向上がはかられ，その後認識に必要な情報に変換されるようになっている．この間の過程の情報処理法はシステムの構成にもよるが，おおむね次のような処理内容の組合せによって構成されている．

- フィルタ処理（必要とする情報の抽出処理，この場合ノイズ除去だけでなく，次段処理のための波形整形などの信号処理も含む）
- 情報の形態の変換処理（符号化処理がある）
- 演算処理（算術演算のみならず，論理演算も含まれる）
- 情報の圧縮処理（画像情報処理においては重要な機能である）
- 情報の記録処理（種々のメディアへのシスティマティックな記録，計測にかかわるデータベース作成も含む）
- マン・マシンインターフェースとしての情報処理（認識者へ理解できる形に変換）

このような処理には，回路技術やコンピュータ処理技術が不可欠である．どのような流れの構成が有効であるかは処理速度とシステムの規模によって異なるが，一般的にはリアルタイム処理を可能にする高速処理が指向されている．

20.3　計測技術の未来像

　計測技術は今後の社会ニーズの変化に伴い，次のように進展していくものと思われる．

① 測定と信号処理のマルチインフォメーション化

　ⓐ 点の計測だけでなく，線，面，立体の多次元計測，または広域の情報の収集（計測の空間性における拡張）

　ⓑ 一つの情報処理だけでなく，多数の情報を同時に処理し記録表示する

　　　　（計測の時間性における拡張）
② 単なる測定でなく，認識を行う測定と処理
　ⓐ 図形における角，線，面など認識に必要な情報を検出できるセンサの開発
　ⓑ 情報を理解しやすい形，たとえば，多くの情報をまとめて可視化可聴化するなど，人間の感性で理解できるような情報に変換する技術の確立
　ⓒ 不可視情報の可視化
③ 電圧，電力，長さなど確定的な量の計測だけでなく，「らしさ」，「うるささ」，「住みやすさ」などの明確に要素やその構成が定義できない，あいまいな量の測定評価
④ 計測器のインテリジェント化（欧米ではスマート化と呼ばれる）
　ⓐ センサにマイクロプロセッサやディジタルシグナルプロセッサ（DSP）などの高度な情報処理を可能にするチップを含め，一体構造化したセンサのインテリジェント化（これにより，信号に検出の早い段階での処理が施せるため，ノイズの混入の防止と情報の品質のよい圧縮化が可能になる）
　ⓑ 計測器の信号解析機能化（プログラマブルな演算処理による波形処理や，スペクトル分析など高度な信号処理のオンライン化）
　ⓒ リアルタイムでチェックができる自己診断，故障異常診断，自己校正機能

このような技術の実現には新しい材料の開発や新規計測法の確立，高度な機能をもつ能動素子の製作技術，さらに高速でしかも高い機能をもつ情報処理技術の確立が必要である．

教程 21　測定量変換の基礎

　測定においては，高精度でしかも必要な情報を次段の処理装置で利用しやすい形態で検出することが重要である．このための基本的な考え方について説明する．

● 21.1　測定信号のエネルギーと情報 ●

　情報を伝えようとする信号には，必ず大きさの側面と質的な側面とがある．信号の大きさの側面はそれ自身が情報でもあるが，むしろそのエネルギーの面に関心がもたれ，それは信号変換処理*に必要とされる．このような側面に含まれる因子には，電圧，電流，力，圧力，照度などがある．一方，信号の質的な面は

---

*　測定対象から情報を得る最初の段階も含んでいる．

装置の駆動より処理の内容，すなわち，情報の面が強調される因子で，位相，周波数，力率などがある．

これらのおのおのの側面に分類される因子は単独ではなく，両側面の因子が相乗した形態で変換処理に作用する．たとえば，エネルギーの側面に分類される電圧は，それ自身装置に加えられて内部抵抗に電流を流し駆動力を発生するが，一方で情報の側面である時間要素によって入力のインピーダンスが異なり，変換器のゲインや位相性を変えるように作用する．また，位相は複数信号間の時間変化のずれを表す情報であるが，この情報を担うのはエネルギーの側面である電圧あるいは電流である．このように，二つの側面は一つの信号においても互いに相乗して作用する．したがって，信号を取り扱うときは，単独の因子を対象としていても，複数の因子が処理にかかわっていると考えなければならない．

測定精度は一般に二つの側面の積が大きいほど，すなわち，信号の大きさの因子の量と質的因子の情報量のいずれも大きいほど高くできる．

センサの開発においては，両側面の因子のうち測定目的に適合する因子を選択的に高効率で取ることのできる材料の探索が中心であり，信号の処理では情報に関する因子の高品質処理法の確立が重要である．

21.2 信号変換に使われる法則

対象からの情報の取込みには，変換器の入力と出力の信号関係を明確に記述できる，再現性のある変換作用の顕著な物理化学現象が利用される*．

このような物理化学現象は，次に示す法則に基づいて記述される．

① 保存則（エネルギー保存則，運動量保存則，物質量保存則，電荷保存則）
② 最小原理（エネルギー最小原理）
③ 統計法則（気体分子の速度分布，熱放射のエネルギー分布則など）

これらは電磁界，力学などの場とその中にある物質に作用する現象を記述しており，有効な計測を行うには，これらの記述が明確になるように測定環境を準備することが大切である．

21.3 信号の検出方法

測定対象から目的とする情報を取り込むための検出方法は，信号のエネルギーの側面と情報の側面に分類して考えることができる．

エネルギーの側面からは，エネルギーの利用の方法と信号の大きさの同定法に大別できる．このエネルギーの利用は，さらに次のように分類される．

① 受動的検出法：信号のエネルギーをそのまま電気エネルギーに変換．熱電対やフォトダイオード，フォトトランジスタ，圧電素子な

---

* 変換器の変換作用が明確に記述できず処理内容がブラックボックスであっても，入力と出力の各信号が確実に1対1に対応しておれば，校正によってグラフまたは近似式で変換処理の内容を記述することができる．

どがある．
② 能動的検出法：信号の大きさによってセンサに加えられた外部電力を制御することによって信号を変換．サーミスタ，光導電セル，低抗線歪ゲージなど，これに属するセンサは多い．

また，信号の大きさの同定法は教程11で述べた偏位法と差動法とに大別できる．

一方，信号の情報の側面からは，信号変化の時間的な継続性と規則性の二つに分類できる．この時間的な継続性における分類は，さらに次のように分類することができる．
① 連続測定法：信号の時間変化をそのまま連続的に取り込み，処理する．
② 過渡測定法：コンデンサの充放電のような過渡現象を利用したもの．連続的に検出するとドリフとノイズの混入が測定値に大きく影響するような場合に有効．
③ 間隔を利用した方法：一定間隔の刻み幅と刻まれた測定値から目的とする量を求める方法．一定容積のますによって，流体の単位時間当たりの移動容積である流量を測定する容積流量計や目印の一定時間における移動距離から速度を求める方法などがある．この方法は過渡的測定法と同じアナログ量の測定法であるが，刻みによって区分された量のある一瞬における積分値を用いることから，時間的に区分はあるが，時々刻々に変化する信号を連続測定する過渡的測定法より離散的な方法に近い．
④ 量子化法：区分した時間における信号の有無(1ビット)，あるいはしきい値との2値比較を行うことによって符号化する方法．このような方法には，信号をいったん取り込んでA/D変換器でディジタル値に変換するだけでなく，検出段階から長さ角度回転数をディジタル値で測定するリニアエンコーダやロータリーエンコーダなどもある．量子化法は信号の質がきわめて高い反面，信号には必ず量子ノイズが含まれることと，信号の細かさに対する標本化定理*に注意しなければならない．

時間的な規則性からの測定法の分類は，次のようになる．
① 入力信号をそのまま検出伝送する方法．

---

* 周波数領域でf〔Hz〕まで再現するためには，測定信号は$2f$〔Hz〕以上の周波数でサンプリングしなければならない．

② 平均化法：混入している不要な信号変化の規則性が，目的とする信号の変化の規則性に比べて著しく不規則であるとき，入力信号を信号の1周期ごとに加算することによって不規則信号を平均化し除去する方法．

③ 弁別法：目的とする信号の周波数や位相が不要な信号と著しく異なっているとき，フィルタによって弁別し測定する方法．

時間的な規則性から分類される測定法は，一般にいったん信号を取り込んだ後に計算によって処理する場合が多い．しかし，人体とそれ以外からの放射赤外線の波長が異なることを利用して人体検出する赤外線センサのように，検出段階で弁別測定するなど，信号を取り込むときの処理に応用することもある．

以上の方法において，いずれの測定法が有効であるかは計測のニーズによって異なる．測定対象，計測条件，あるいは経済性などを検討して最良の方法を選択することが大切である．

第6部 セ ン サ

　センサとは，測定対象の物理，化学量を電気信号に変換するものであり，われわれ人間の感覚機能に対応している．このセンサの中には，人間以上の感度，精度，広いダイナミックレンジをもち，さらに，われわれが感知しえない赤外線，磁気，超音波などを検知するセンサも開発されている．

　各種センサとコンピュータとを一体化したセンシングシステムは，まさにわれわれ人間の計測システムと同様で，多種多様の計測データから特定の情報抽出を可能にしている．

図 22.1　人間の五感

教程 22　幾何学量/電気変換

● 22.1　静電容量形センサ ●

　図22.2(a)に示す平行板コンデンサの静電容量(C)は，

$$C = \frac{\varepsilon S}{t} \tag{22.1}$$

で与えられる．ただし，εは電極間の誘電率，Sは平行板の相対している面積，tは平行板の距離である．変位測定は平行板コンデンサの一方を上下に移動させ，

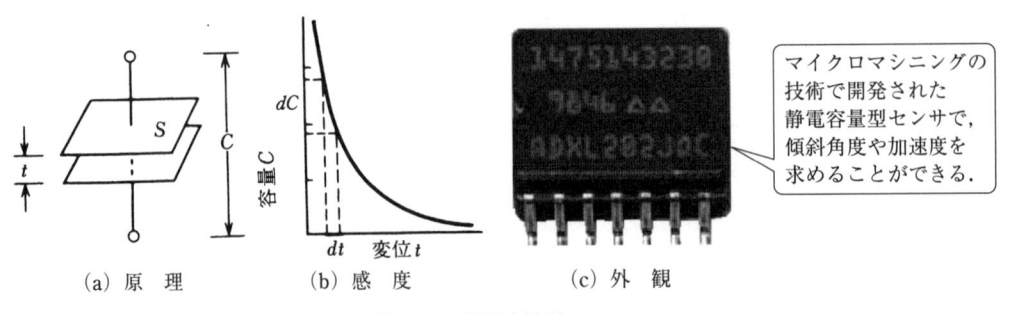

(a) 原　理　　(b) 感　度　　(c) 外　観

図 22.2　静電容量形センサ

マイクロマシニングの技術で開発された静電容量型センサで，傾斜角度や加速度を求めることができる．

距離 t を変えるか平行に動かし面積 S を変えることで行われる．

センサの感度は，上下に移動させた場合，図 22.2(b) に示すように，

$$\frac{dC}{dt} = \frac{\varepsilon S}{t^2} \tag{22.2}$$

となり，t が小さいほど感度は急速に高くなる．静電容量形センサの分解能は 1 µm 程度である．

22.2 インダクタンス形センサ

図 22.3(a) に示す磁気回路内の磁路 (l) を変化させると，磁気低抗 (R_m) が変わる．磁気抵抗の変化は，空隙の間隔を t とすると，

$$R_m = \oint \frac{dl}{\mu S} = \underbrace{\frac{l}{\mu S}}_{(磁性体内部)} + \underbrace{\frac{2t}{\mu_1 S}}_{(空隙)} \tag{22.3}$$

で与えられる．ただし，S は磁気回路の断面積，μ, μ_1 は磁性体，空隙の透磁率である．

したがって，空隙 t の変位に対して磁気抵抗 R_m は線形に変化する．変位 t はこの R_m とコイルのインダクタンス (L) との間に，

$$L = \frac{N^2}{R_m} \tag{22.4}$$

の反比例の関係があることから容易に求められる．ただし，N はコイルの巻き数である．

(a) 原　理　　　　(b) 磁気抵抗の変化　　　　(c) 外　観

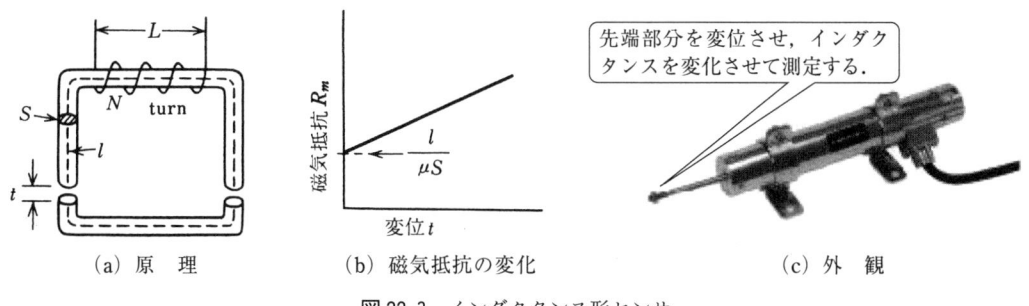

図 22.3　インダクタンス形センサ

22.3 うず電流形センサ

うず電流形は電磁的な相互誘導作用を用いた非接触形の変位センサである．導電体の被測定面に対向して固定したプローブコイルに，800 kHz～4.3 MHz の高周波数を一定電流流すと，導電体表面にうず電流が発生する．このうず電流によって，プローブコイルでの磁界 (H_c) 方向とは逆方向の磁界 (H_e) が発生する．うず電流による磁界の強さはコイルと導電体表面の距離によって変化し，結果と

してコイルの磁気抵抗を変える．変位はこの磁気抵抗変化をコイルのインピーダンス（インダクタンス）変化として測定することで求められる．インピーダンス（Z）は，

$$Z = R + jX = \frac{1}{K_1(K_2 e^{-K_3 d})^2 + K_4} + j\frac{K_5(1 - K_2 e^{-K_3 d})e^{-K_3 d}}{K_1(K_2 e^{-K_3 d})^2 + K_4} \tag{22.5}$$

で与えられる．ただし，$K_{1\sim5}$ は係数で，d が変位量である．

インピーダンスは，距離以外のパラメータがすべて一定であることから変位により変動する．

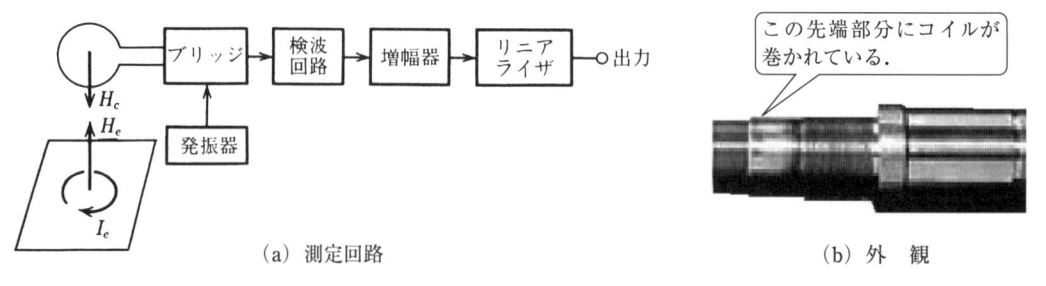

(a) 測定回路　　　　　　　　　　　　(b) 外　観

図 22.4　うず電流センサ

図 22.4 に測定回路を示す．うず電流形は導電体の材質により影響を受けるが，センサ周囲を導電性物質で覆わない限り測定環境に影響されない．センサの応答周波数は 0〜20 KHz で，測定精度は 10 μm 程度である．

教程 23　力学量/電気変換

23.1　圧電形センサ

強誘電性を示すチタン酸バリウム磁器（$BaTiO_3$），ジルコン酸チタン酸鉛（PZT）でつくった板に機械的な歪みまたは応力を与えると，結晶中の正負電荷の重心がずれ，材料の表面に分極電荷を発生する．

(a) 構　造　　　　　(b) チタン酸バリウム磁器の結晶構造

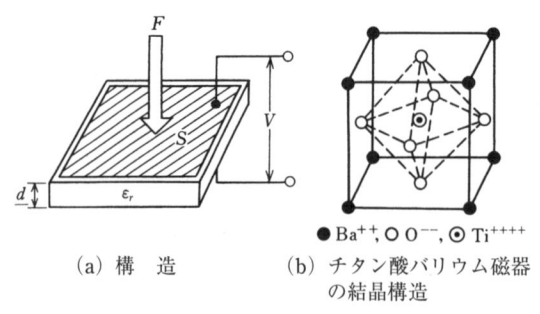

● Ba^{++}, ○ O^{--}, ⊙ Ti^{++++}

図 23.1　圧電形センサ

この分極電荷(Q)は力(F)を加えたときに生じる分極を P とすると，

$$Q = S\left(\frac{\partial P}{\partial F}\right)F \tag{23.1}$$

となる．電極間に発生する電圧（V）は，

$$V = \frac{Q}{C} = \frac{S(\partial P/\partial F)F}{\varepsilon S/d} = d\underbrace{\frac{\partial P/\partial F}{\varepsilon}}_{\text{ピエゾ電圧感度}}F \tag{23.2}$$

で与えられ，加えられた力 F に比例する．

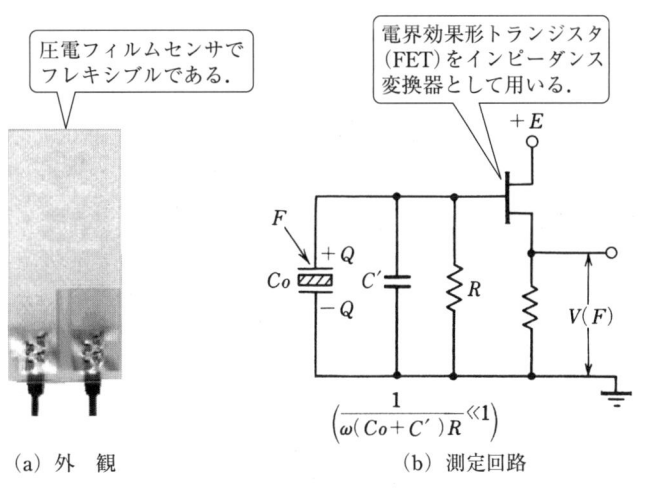

(a) 外観　　(b) 測定回路

図 23.2　圧電形センサ

現在，軽くて柔らかく，特定の固有振動数をもちにくいポリビニリデンフロライド（PVF_2）あるいはポリ塩化ビニルを分極処理した圧電フィルムセンサが開発され，音響分野で使用されている（図 23.2(a)）．これらのセンサは低周波数帯域でセンサ自身のインピーダンスが非常に高くなることから，図 23.2(b) に示すように高入力インピーダンスをもつ FET（電界効果トランジスタ）をインピーダンス変換器として用いなければならない．

23.2　抵抗歪み形センサ

図 23.3 に示すように，金属および半導体の抵抗は機械的な歪みによって形状変化を起こし，その結果として抵抗が変わる．

金属の抵抗（R）は比抵抗を ρ，長さを L および断面積を S とすると，

$$R = \frac{\rho L}{S} \tag{23.3}$$

で与えられる．図 23.3 に示すように，金属を長さ方向に ΔL 伸ばすと，断面積は ΔS 減少し，抵抗値が ΔR 上昇する．このときの伸びの割合と抵抗変化率との

(a) 原理　　　　　　　　　　(b) 外観

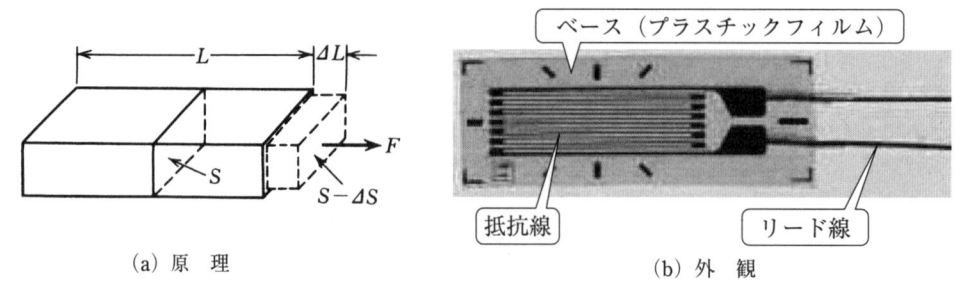

図23.3　抵抗歪み形センサの原理および外観

比が，

$$G = \frac{\Delta R/R}{\Delta L/L} \tag{23.4}$$

ゲージ率(G)といわれ，通常2.0程度である．

　金属を用いた歪みセンサは，銅（54％）とニッケル（46％）との合金アドバンスを細い線状あるいは薄い箔状にし，プラスチックフィルムや紙に貼りつけた構造である．

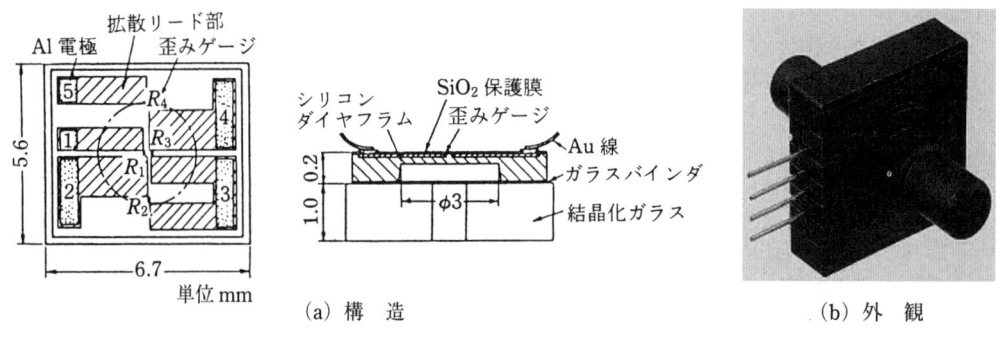

(a) 構造　　　　　　　　　　(b) 外観

図23.4　半導体ストレインゲージと外観

　一方，半導体ストレインゲージは正負の値をもち，Gが100〜300程度と非常に大きい．半導体ストレインゲージの抵抗変化は，歪みによって半導体の禁止帯の幅，電子分布変化によって生じる．圧力を受けるダイヤフラムは，バルク自体にピエゾ抵抗効果があるSiで作成されている．抵抗変化の検出は，そのSiチップ上にホイートストンブリッジを組み込み，変化量をできるだけ大きくして取り出すと同時に，温度による影響を少なくして行われる．半導体ストレインゲージは圧力300〜450Paで，誤差0.2％FS程度のものが開発されている．

23.3　電磁流速センサ

　ファラデーの法則を用いたセンサで，電磁流量計としてよく知られている．図23.5に示すように，磁束密度Bの磁界中において導電性の流体が磁界と直角の

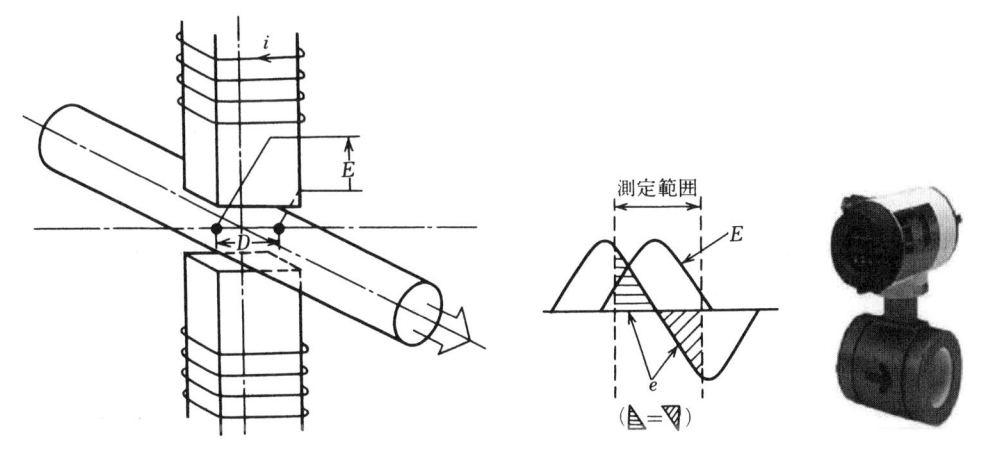

図 23.5 電磁流速センサの原理　　　**図 23.6** 電磁流速センサの出力波形と外観

方向に速度 V で流れると，各々の方向に対して垂直の方向に起電力 E を発生する．

この起電力は磁界の強さと速度に比例し，
$$E = BDV \quad (\text{V}) \tag{23.5}$$
で与えられる．ただし，D は円管の直径で装着された電極の距離である．

磁界は直流と交流が考えられるが，直流磁界は金属電極と電解液との界面で発生する分極電圧を含むため使用されない．交流磁界は分極電圧の影響を受けないが，交流磁界とコイルとの電磁誘導によって交流電圧 (e) を誘起してしまう問題がある．しかし，この誘起した電圧の位相は図 23.6 に示すように，磁界と 90° 異なることから，同期整流回路で容易に取り除かれる．

したがって，現在は正弦波，方形波などの交流磁界が用いられている．電磁流速センサは流体の導電率が 10^{-4} S/m 以上あれば導電率の影響を受けず，固形物を含んだ流体でも流速測定可能である．なお，計測された電圧は流体の平均流速を与える．現在，センサは直径 2 mm～2 m 程度のものが開発されている．

23.4 超音波流速センサ（図 23.7）

流体中における超音波の伝搬速度は，その流体の速度によって影響を受ける．流体が流れていないとき，超音波送信器（T）から受信器（R）までの超音波伝搬時間 (t) は，超音波の音速を C とすると，
$$t = \frac{L}{C} \tag{23.6}$$
で与えられる．ここで，流体が速度 V で流れていると，T_1 から R_1 までの超音波伝搬時間 (t_1)，および周波数 (f_1) は，
$$t_1 = \frac{L}{C + V\cos\alpha}, \quad f_1 = \frac{C + V\cos\alpha}{L} \tag{23.7}$$

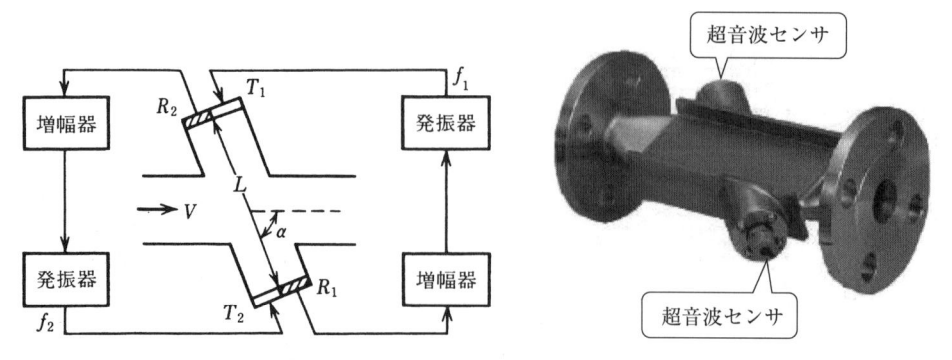

図 23.7　超音波流速センサの原理と外観

となり，T_2 から R_2 までについては，

$$t_2 = \frac{L}{C - V\cos\alpha}, \quad f_1 = \frac{C - V\cos\alpha}{L} \tag{23.8}$$

となる．各々の周波数差を求めると，

$$\Delta f = f_1 - f_2 = \frac{2V\cos\alpha}{L} \tag{23.9}$$

となり，速度 V は

$$V = \frac{L \cdot \Delta f}{2\cos\alpha} \tag{23.10}$$

となる．この方式はシングアラウンド法と呼ばれ，温度変化に伴う超音波の伝搬速度に影響されず，工業用として最もよく使用されている．

23.5　レーザ速度センサ

ドプラー効果を用いた光速度センサでレーザ光線を移動物体に当てると，その散乱光の周波数は物体の速度に応じて変化する．

図 23.8 に示すように，物体が速度 V で移動すると，物体は T のレーザ光によって，

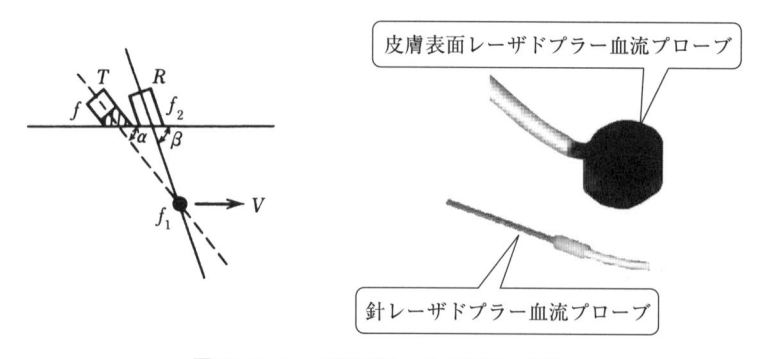

図 23.8　レーザ速度センサの原理と外観

$$f_1 = f\left(\frac{C - V\cos\alpha}{C}\right) \tag{23.11}$$

で振動する．ただし，f はレーザ光の周波数である．これを R で受信すると，受信周波数は

$$f_2 = f_1\left(\frac{C}{C + V\cos\beta}\right) \tag{23.12}$$

となる．T の発信周波数と R で受信した周波数の差(Δf)は，

$$\begin{aligned}\Delta f &= f - f_2 = f - f\left(\frac{C - V\cos\alpha}{C + V\cos\beta}\right) \\ &= 2f\frac{\cos((\alpha+\beta)/2)}{C} \cdot V\end{aligned} \tag{23.13}$$

となる．ただし，$C \gg V$，$\alpha \fallingdotseq \beta$ とする．

したがって，移動物体の速度は，

$$V = \frac{C}{2f\cos((\alpha+\beta)/2)}\Delta f \tag{23.14}$$

で与えられる．Δf は光のヘテロダイン検波によって求められ，その Δf の変動方向が移動物体の方向を与える．レーザ速度センサの測定範囲は $10^{-4} \sim 10\,\mathrm{m/s}$ で，空間分解能 $100\,\mu\mathrm{m}$ を得ている．

教程 24　温度/電気変換

● 24.1　抵抗温度センサ ●

金属あるいは半導体の電気抵抗は温度によって変化する．金属材料として白金，ニッケル，銅などが使用されているが，現在最もよく使用されているのは耐熱性および安定性から白金抵抗線である．この白金抵抗線は直径 $0.05\,\mathrm{mm}$ 程度

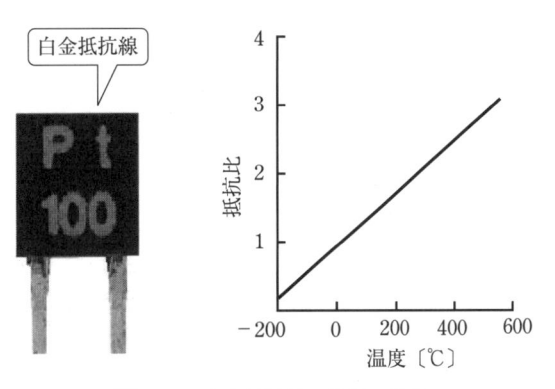

図 24.1　白金抵抗線の外観と特性

で，純度99.999％以上のものを使用し，巻き枠へコイル状に巻いている（図24.1）．

抵抗値は JIS で定められ，0°C における抵抗が100Ω，100°C で抵抗が139.16Ω と規定され，温度係数3916 ppm/°C をもつ．抵抗測定の代表的な測定法として，図24.2 に示すように3線式のブリッジが使用され，リード線の抵抗の影響を取り除いて測定される．測定された抵抗と温度との関係は完全な線形でないことから，リニアライザと呼ばれる補正回路（温度-抵抗特性の逆特性をもつ回路）が用いられ，非直線性を改善している．

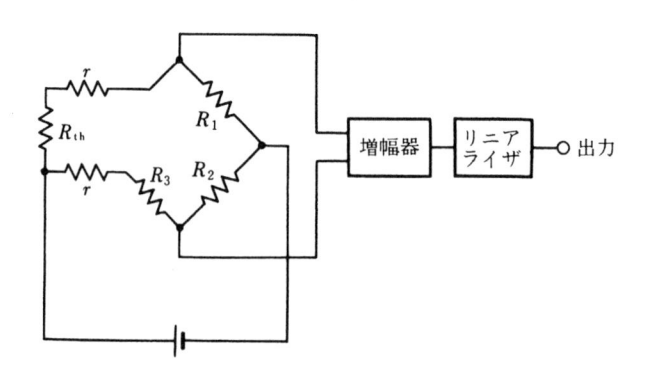

図24.2　抵抗温度センサの3線式測定回路

半導体温度センサの一種に，サーミスタがある．サーミスタはニッケル，マンガン，コバルト，鉄などの金属酸化物を適当に混合し，1000°C以上の高温で焼結したもので，温度に対する抵抗変化が金属に比べはるかに大きい．したがって，図24.3 に示すように，サーミスタの形状を非常に小形化でき，直径1 mm で，厚さ0.5 mm 程度のチップ型が開発されている．このチップ型は熱時定数が小さ

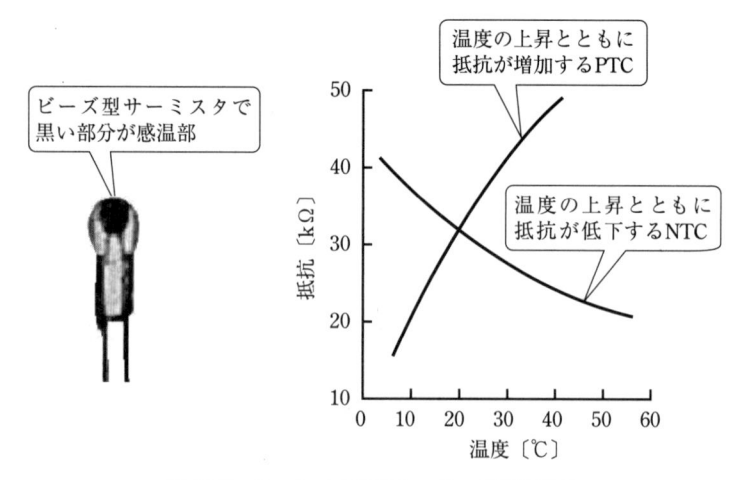

図24.3　サーミスタ温度センサの外観と特性

く，応答が速い特徴をもっている．しかし，精密測定には経時変化が大きく，抵抗値のばらつきが多いことから用いられず，おもに民生用機器へ利用されている．

現在得られているサーミスタは測定温度範囲 $-100 \sim 450$°C，精度 ± 2％，経時変化 1.0％以下，分解能 0.1°C程度である．

24.2 熱電対

図24.4に示すように，フェルミレベルの異なる2種の金属を接触させると，接触面では，その金属のフェルミレベルが一致し接触電位を発生する．この接触電位は，温度によって各々の金属の仕事関数が違うことから変動する．したがって，図24.5に示すように2種の金属線で閉回路をつくり，一方の接続点を基準点（0°C）とし，他方を測温点とすると，回路にはその温度差に応じた起電力を発生する（ゼーベック効果）．熱電対はステンレス鋼の保護管に絶縁物のマグネシアとともに密閉し，熱伝導効果を高めると同時に耐振性を高め，取扱いを容易にしている．

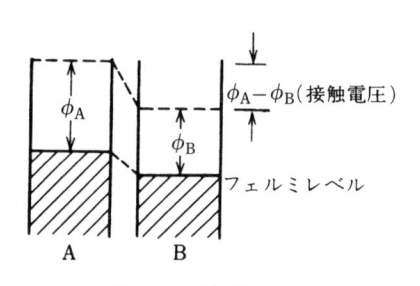

図24.4 熱電対の原理

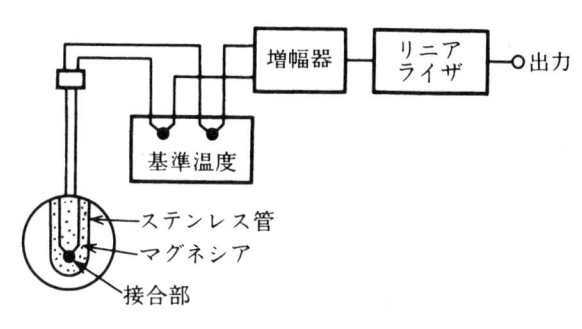

図24.5 熱電対の測定回路と外観

24.3 焦電形センサ

絶対零度以上のすべての物体は，その表面から温度に応じた熱放射エネルギーを出し，可視光から赤外光にわたる電磁波を発生している．そのスペクトル放射輝度と波長との間には，図24.6に示すような一定の関係がある．温度の測定はこの熱放射エネルギーを検出し，ステファン・ボルツマンの法則から求められる．

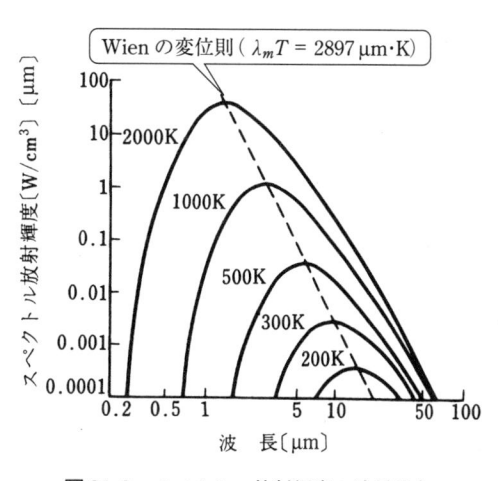

図24.6 スペクトル放射輝度の波長分布

$$W = \int_0^\infty W_\lambda d\lambda = \sigma T^4 \tag{24.1}$$

ただし，σ はステファン・ボルツマンの定数（$5.673 \times 10^{-12}\,\mathrm{W/m^2/K^4}$）である．

熱放射エネルギーの検出は，焦電効果を利用したセンサ，接触温度センサの熱電対を直列に接続したサーモパイルおよびサーミスタを用いたボロメータで行われる．

図 24.7 に示す焦電効果を利用したセンサは，強誘電体結晶で圧電性を示す LaTiO₃, PVDF あるいは PZT などが使用される．このセンサに温度変動を与えると，結晶格子が歪み，同時に双極子配列を乱し，結果として物質表面に電荷を生じる．この表面電荷は短時間で大気中のイオン，電子と結合して電気的に中和されてしまう．したがって，焦電形センサの使用は温度変動がある場合のみである．しかし，温度変動がない場合でも，図 24.8 に示すように，センサの前に電磁波をさえぎるメカニカルチョッパを取り付け，温度差を与えれば測定可能となる．

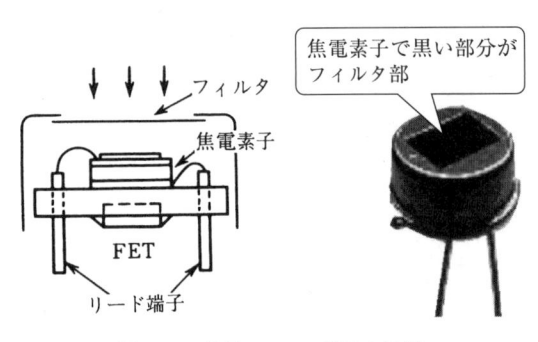

図 24.7 焦電センサの構造と外観　　図 24.8 測定回路

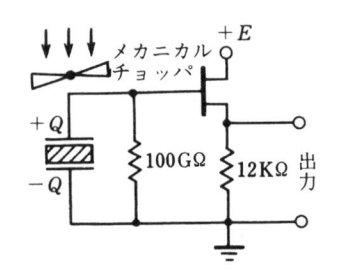

出力はセンサが誘電体（容量：C）であることから，電荷（Q）の変動を誘電体の両面に取り付けられた電極で，電圧（$V = Q/C$）として取り出される．測定回路には高入力インピーダンスの増幅器を使用しなければならない．センサの温度測定範囲は $-30 \sim +300\,°\mathrm{C}$ である．

教程 25　光／電気変換

25.1　光導電セル

センサは半導体のバルクに光を照射すると，電気抵抗が減少する光導電現象を利用している．この光導電現象は図 25.1 に示すように，半導体が禁制帯のエネルギーギャップで定まる電子の電離エネルギー以上の光エネルギーを受けると，価電子帯の電子を励起する．その結果，自由電子が増加し電気抵抗を低減さ

教程 25 光／電気変換

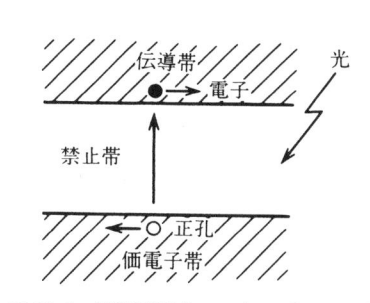

図 25.1 光導電現象のエネルギーバンド

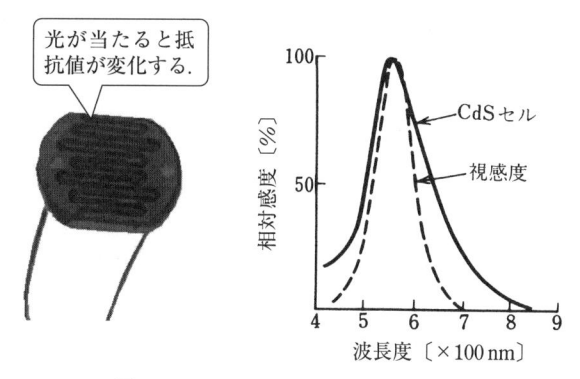

図 25.2 CdS 光導電セルの外観と特性

せる．

　光導電セルの材料は可視光用に CdS，近赤外線用に CdSe，赤外線用に PbS が使用されている．とくに，CdS はその分光感度特性が図 25.2 に示すように，人間の目に近く，高感度であることから自動露出カメラのセンサとして使用されている．

　これらのセンサの応答速度は 10^{-2}〜10^{-1} s と遅いが，直接リレーを駆動することができるほどの大きな電力が扱え，簡単な回路で測定器を構成できる特徴をもっている．測定波長領域は CdS が 0.4〜0.8 μm，CdSe が 0.4〜0.9 μm，PbS が 0.8〜3 μm で，感度 10^{-8} W 程度である．

25.2 光起電力セル

　半導体の pn 接合部に光を照射すると，光の強度に応じた起電力が発生する光起電力効果を用いたセンサである．図 25.3 に示すように，光起電力効果は pn 接合部の空乏層に照射された光エネルギーが電子-正孔の分離を起こし，空乏層の電界で正孔は p 形へ，電子は n 形へ移動し，p 形が正，n 形が負の起電力を発生する．センサは無バイアスタイプの太陽電池と逆バイアスタイプのフォトダイオードがある．太陽電池としては，アモルファス半導体（アモルファス Si）を用いたセンサが開発され，変換効率 10 ％ 程度のものが得られている．感度は，受

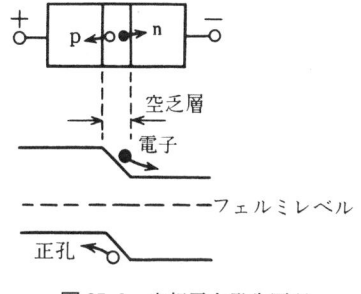

図 25.3 光起電力発生原理

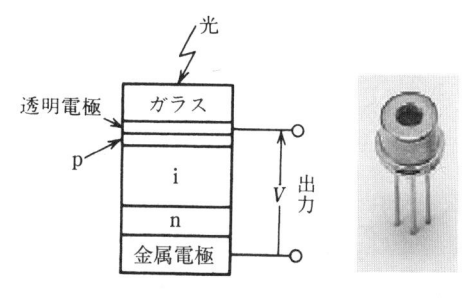

図 25.4 pin ダイオード構造と外観

光面積 $4 \sim 6.8\,\mathrm{mm^2}$ の可視光全スペクトルセンサで $0.6 \sim 1.0\,\mu\mathrm{A}$,暗電流 $3 \sim 20 \times 10^{-11}\,\mathrm{A}$ 程度である.

フォトダイオードとして,図 25.4 に示すように pn 接合部の空乏層を大きくし,容量を低下させ応答速度を $10^{-9} \sim 10^{-11}\,\mathrm{s}$ と高速にした pin ダイオードが開発されている.この pin ダイオードは,可視光から近赤外域までの広い波長に渡って高感度で,その高速応答性から,レーザ光,LED の受光用として使用されている.

25.3 固体イメージセンサ

CCD (Charge Coupled Device:電荷結合素子)は図 25.5 に示すような MOS キャパシターを,シリコン基板上へ 2 次元に並べた構造で,位置,パターン認識用視覚センサである.CCD は基本的に電荷を扱うため三つの機能(光電変換,電荷蓄積,電荷転送)をもっている.光電変換部は光の明暗に比例した電荷を発生させる.電荷蓄積部は CCD の電極に電位をかけるとシリコン層の中にポテンシャルの井戸を形成し,光電変換部で発生した電荷を蓄積する.電荷転送部は個々に蓄積された電荷を,2 相のクロック(ϕ_1, ϕ_2)を用いて順次センサ外部へ取り出す(図 25.6).このようにして,順次取り出された電荷量は瞬時の光電変換量

(a) MOS キャパシターの構造　　(b) 外　観

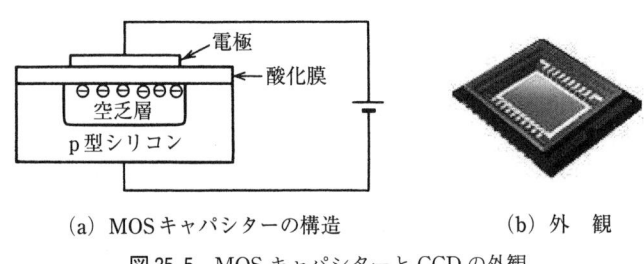

図 25.5　MOS キャパシターと CCD の外観

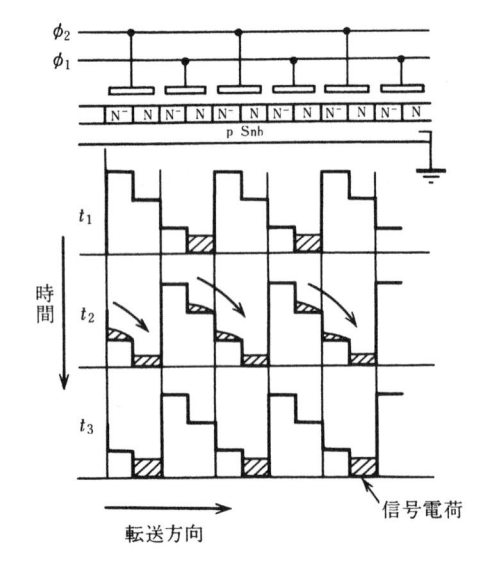

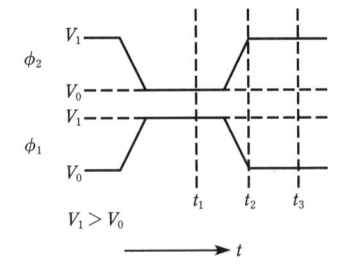

N^-,N 型で不純物濃度が高い

図 25.6　CCD 電荷転送原理

ではなく，時間積分された光量平均値である．

25.4 光電子増倍管

光電子放出効果を用いた電子管で，図 25.7 に示すように，光–電子変換を行う光電面 (陰極) と 10 段の二次電子放出を行うダイノードとで構成された微弱光検出センサである．

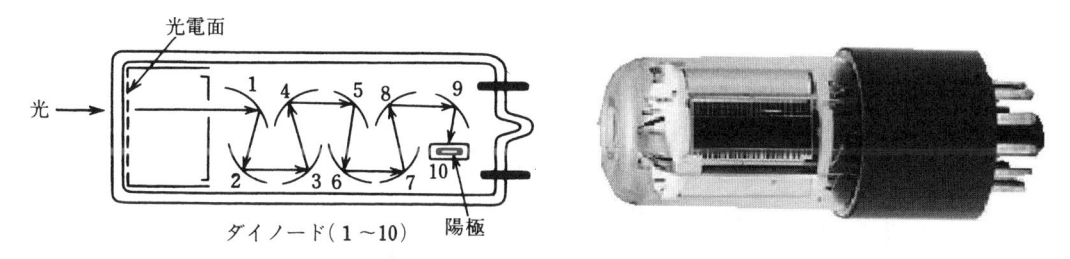

図 25.7 光電子増倍管の構造と外観

増倍管の光電面は入射した光に対して高い電子放射効率を示す Cs-Sb 系の材料が用いられている．光電面で発生された電子は最初のダイノードで 5 倍程度の二次電子を放出する．この電子はダイノード群で次々に増幅され，最終的に $10^6 \sim 10^8$ 倍になり，陽極で集められ外部へ導かれる．光電子増倍管は紫外から近赤外までの波長帯域を S/N よく増幅し，さらに 100 MHz 以上の周波数まで応答する．現在，X 線 CT，ポジトロン CT などの医療診断装置，天文などに使用されている．

教程 26　成分/電気変換

26.1 ガスセンサ

酸化物 (SnO_2, ZnO) を 700°C 程度で焼結して得られたセラミックスは，直径 $0.1 \sim 10\ \mu m$ の細孔をもつ多孔質焼結体となり，プロパン，CO，アルコールなどのセンサとして使用される．セラミックスの抵抗はセンサ表面に O_2 が吸着すると，酸化物の電子を捕捉し高くなるが，可燃性ガスと反応 (酸化) することで O_2

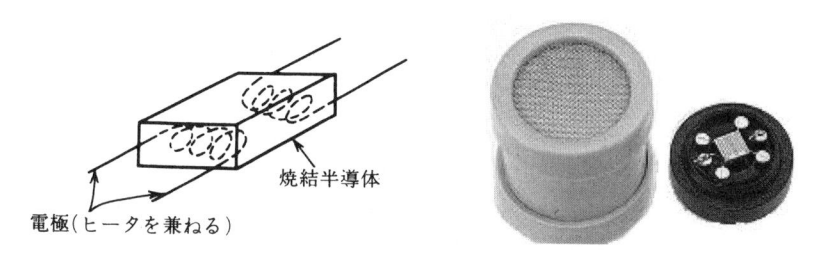

図 26.1　ガスセンサの構造と外観

に捕捉されていた電子を放出する．この状態で，センサを300〜400℃の高温にすると，自由電子がセラミックスの粒界を通って流れ，抵抗値が低下する．

26.2 湿度センサ

現在，小型湿度センサとして金属酸化物および高分子膜を用いたセンサが開発されている．金属酸化物マグネシウムスピネル（$MgCrO_4$）とルチル（TiO_2）とを焼結して得られたセラミックスは直径 0.1〜10 μm の細孔をもち，その細孔に空気中の水蒸気が付着することで抵抗値が変化する．センサは湿度1〜100％RHまで検知でき，応答速度も30秒以内と高速である．

Al_2O_3 薄膜を用いた薄膜絶対湿度センサや感湿材料に導電性高分子を用いた高分子抵抗型（図26.2）と感湿材料を電極間に挟んだ容量型（図26.3）がある．測定可能な低湿度は，高分子抵抗型が15％RH，高分子容量型が0％RHからである．

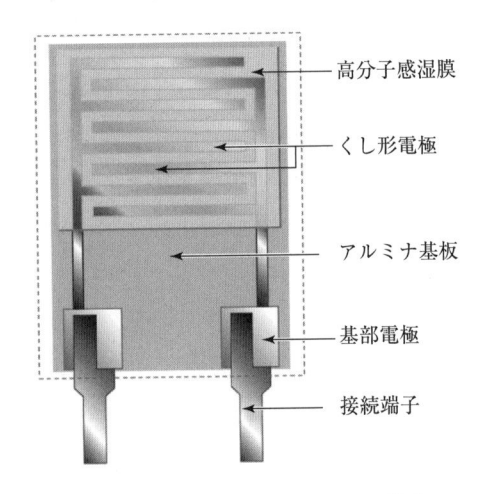

図26.2　高分子抵抗湿度センサの構造 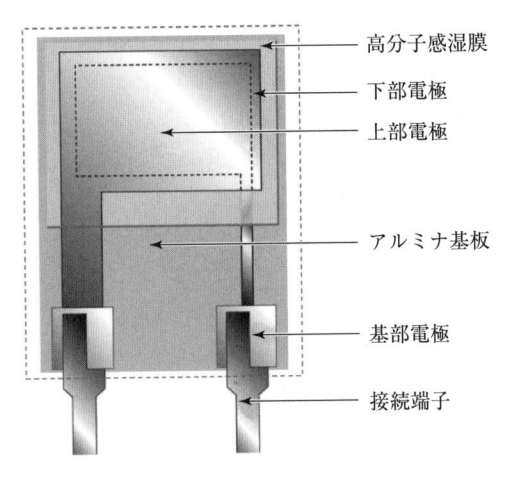　　図26.3　高分子容量型湿度センサの構造

26.3 pHセンサ

半導体のpHセンサとしてISFET（Ion Sensitive Field Effect Transistor）がある．このセンサは図26.4に示すように，FETのゲート部を窒化シリコン（Si_3N_4）の絶縁膜で覆った構造である．測定は絶縁膜と電解液との接触によって生じる界面電位が，pHに比例することを利用して行われる．この界面電位は電解液の電位を一定に保つと，FETのドレイン電流で取り出される．窒化シリコンを用いたpHセンサの感度は 51 mV/pH で，ドリフトが 0.4 mV/h（0.008 pH/h）程度である．

これに対して，絶縁膜に Al_2O_3 を用いたセンサは精密測定に適し，感度が 55 mV/pH で，ドリフトが1週間後にほとんど消失し安定する．ISFETを用いた

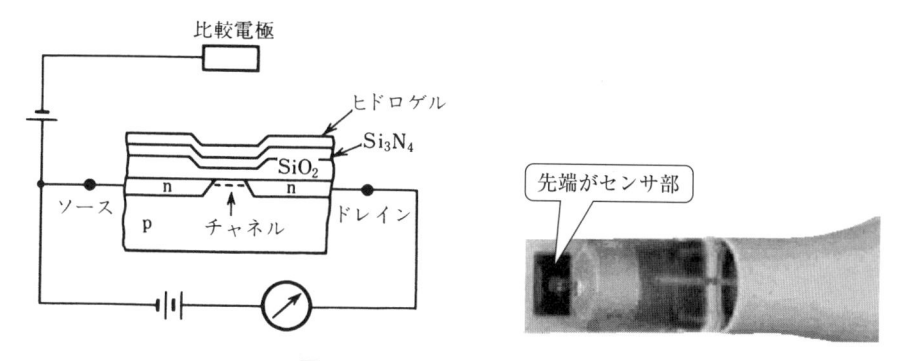

図 26.4 pH センサの原理と外観

pH センサは Si_3N_4 の絶縁膜が使用されて，この絶縁膜の代わりに他のイオン感応膜を使用すると，特定のイオン選択性電極として利用することができる．

26.4 バイオセンサ

バイオセンサとは，生体機能物質を用いて酵素，抗体などの高分子物質を選択的に検出するものをいう．このセンサの構造は図 26.5 に示すように，pH センサと同様特定の物質を認識する分子識別部（レセプタ）と変換部（トランスデューサ）とからなる．現在，開発されているバイオセンサには酵素センサと微生物セ

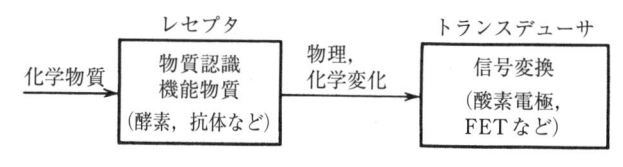

図 26.5 バイオセンサの構造

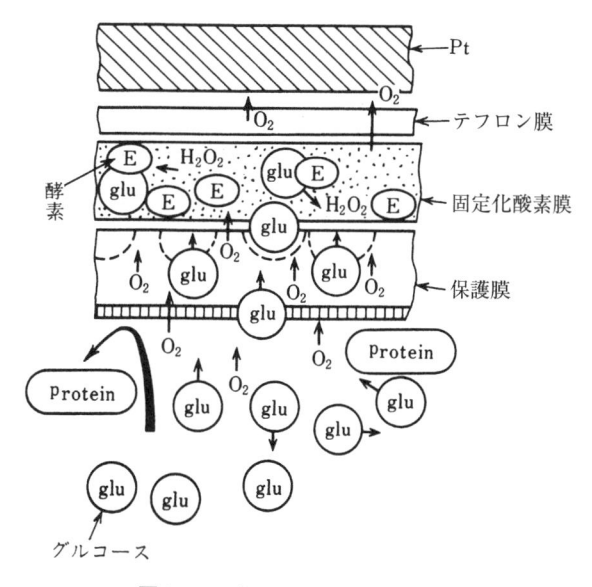

図 26.6 グルコースセンサの構造

ンサがある．

　最も早く開発された酵素センサは，図26.6に示す固定化酵素電極によるグルコースセンサである．センサは測定対象のグルコースがグルコースオキシダーゼ固定膜に接触すると，O_2を消費する．このO_2の消費量がグルコース濃度に対応し，酸素電極で取り出される．応答速度は速いもので10秒程度で，安定性は100日程度である．

　微生物センサは微生物でつくった膜をレセプタとして用い，微生物の呼吸活性による酸素の消費，あるいは代謝産物の電極活物質を電気信号に変換する．呼吸活性タイプの微生物センサは，レセプタの好気性微生物が資料溶液中に含まれる有機化合物を資化すると同時に，呼吸活性によって酸素を消費する．したがって，酸素電極に到達する酸素が減少し，結果として酸素還元電流を減少させる．

　電極活物質タイプの微生物センサはレセプタの微生物が有機化合物を資化し，代謝産物を生成する．この代謝産物には電極活物質が含まれPt電極で酸化され，電流が得られる．微生物センサの応答速度は10分程度と遅く，安定性も1カ月程度である．

　バイオセンサをアレイ状にし，病気の原因と関連するDNAの断片またはタンパク質などの物質を，基板にスポットとして配列したDNAセンサを図26.7に示す．センサは蛍光標識されたDNA断片と核酸の塩基配列の相同性から，どの遺伝子であるかを蛍光発色させることで検出する．

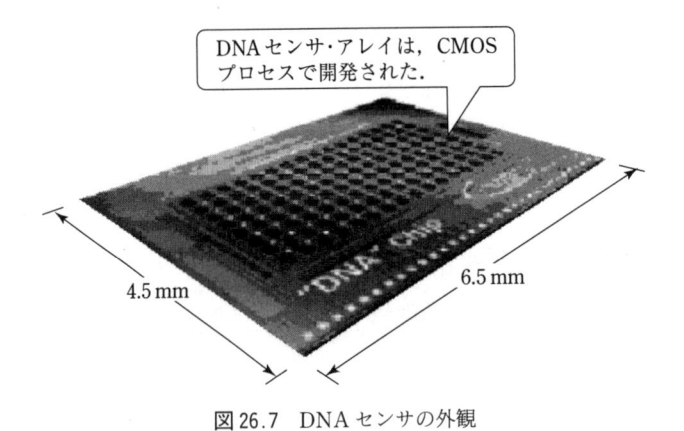

図26.7　DNAセンサの外観

第7部　インターフェース・データ変換

各種センサの出力は物理，化学量に対応した電気量として与えられる．そのアナログ出力信号は一般的に小さく，かつSN比が低下していることより，直接アナログ測定することが困難である．そこで，アナログ変換により振幅レベルの増幅，周波数の帯域制限を行った後，アナログからディジタルに変換され，コンピュータに記録される場合が多い．一方，ドプラー流速計のように出力がディジタル量（周波数）で与えられ，直接ディジタル計測が行われるものもある．

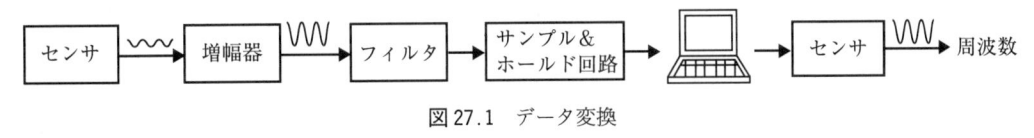

図 27.1　データ変換

教程 27　アナログ変換

アナログ変換はセンサ出力のアナログ量を計測しやすい波形に変換することを意味し，その多くはIC化された演算増幅器（OP Amp：Operational Amplifier）を用いて行われる．この演算増幅器は，高電圧増幅率をもつ直流の差動増幅器で，外部付けの抵抗（R），容量（C）および非線形素子（ダイオード）によって，種々のアナログ変換回路が構成される．

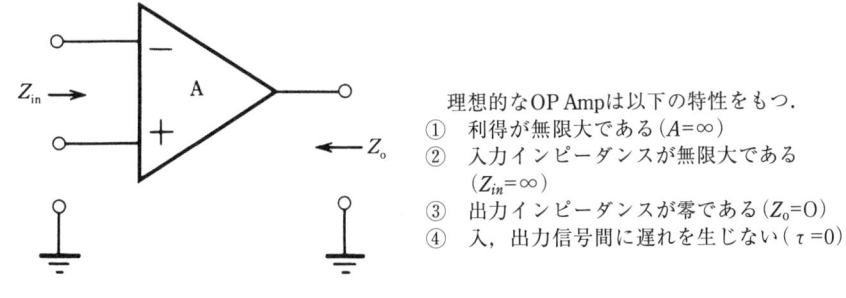

理想的なOP Ampは以下の特性をもつ．
① 利得が無限大である（$A=\infty$）
② 入力インピーダンスが無限大である（$Z_{in}=\infty$）
③ 出力インピーダンスが零である（$Z_o=0$）
④ 入，出力信号間に遅れを生じない（$\tau=0$）

図 27.2　演算増幅器

● 27.1　反転増幅器 ●

図27.3に示す反転増幅器は，最もよく使用される増幅器の構成で入，出力電

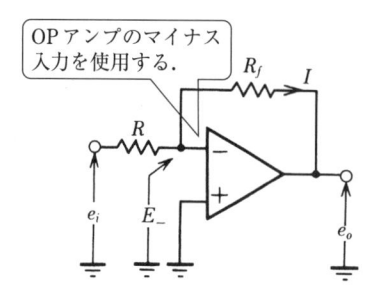

図 27.3 反転増幅器

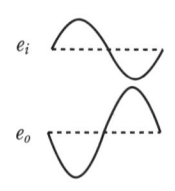

図 27.4 反転増幅器の入,出力電圧波形

圧が反転する.

$$I = \frac{e_i - E_-}{R} = \frac{E_- - e_o}{R_f} \tag{27.1}$$

$$e_o = -A \cdot E_- \tag{27.2}$$

$$Re_o = E_-(R + R_f) - R_f \cdot e_i \tag{27.3}$$

$$E_- = -\frac{e_o}{A} \tag{27.4}$$

これらの式より,

$$R \cdot e_o = -\frac{e_o}{A}(R + R_f) - R_f \cdot e_i \tag{27.5}$$

ここで,理想演算増幅器の条件として,利得 A が無限大であることより,

$$R \cdot e_o = -R_f \cdot e_i \tag{27.6}$$

したがって,出力は

$$e_o = -\frac{R_f}{R} e_i \tag{27.7}$$

となる.入力抵抗 R,フィードバック抵抗 R_f を選ぶことで,任意の利得をもつ反転増幅器が容易に構成できる.さらに,入力抵抗,フィードバック抵抗の代わりに容量,非線形素子を用い,種々の演算回路が構成される.

● **27.2 非反転増幅器** ●

センサの出力インピーダンスが高い場合,高入力インピーダンスの増幅器が要求される.現在 $10^7 M\Omega$ 程度の入力インピーダンスをもつ演算増幅器がある.非反転増幅器は図 27.5 に示すように,直接その高入力インピーダンスをもつ入力端子へ入力された電圧を同相で増幅する.

$$E_- = \frac{e_o}{R + R_f} R \tag{27.8}$$

$$e_o = A(e_i - E_-) \tag{27.9}$$

教程 27 アナログ変換

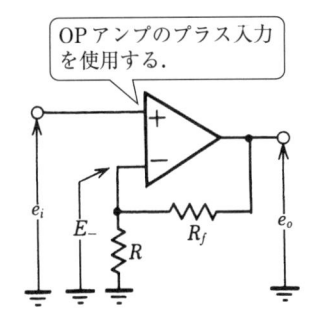

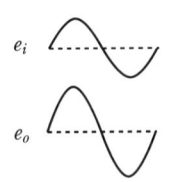

図 27.5 非反転増幅器　　図 27.6 非反転増幅器の入, 出力電圧波形

$$e_i - E_- = \frac{e_o}{A} \tag{27.10}$$

理想演算増幅器の利得 A が無限大であることより,

$$E_- = e_i \tag{27.11}$$

となる. e_o は,

$$e_o = \left(1 + \frac{R_f}{R}\right) e_i \tag{27.12}$$

となる. ここで, R の抵抗を除き, R_f の抵抗を短絡すると, 利得 1 のインピーダンス変換回路（バッファアンプ）となる.

27.3 差動増幅器

図 27.7 に示す差動増幅器は, 二つのセンサ間の同相成分を除去し, そのセンサ間の電位差を増幅する場合に使用される. この差動増幅器の出力は,

$$e_o = \frac{R_f}{R}(e_2 - e_1) \tag{27.13}$$

で与えられる.

ここで, 差動増幅器の R, R_f をすべて除くと, コンパレータ（比較器）として使用できる. 入力電圧 e_1, e_2 を演算増幅器の反転, 非反転入力端子へ直接加えると, その大小により増幅器の出力は正, 負の飽和電圧となり, 入力電圧の大小関係が与えられる.

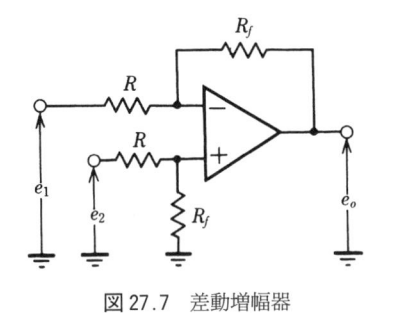

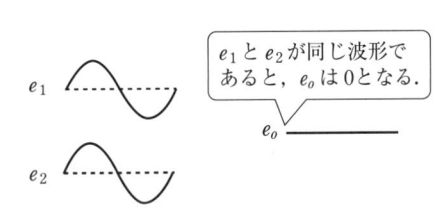

図 27.7 差動増幅器　　図 27.8 差動増幅器の入, 出力電圧波形

27.4 アクティブフィルタ

フィルタはセンサの出力および増幅器において，計測対象以外の周波数成分をもつ信号（雑音）の除去を行う．フィルタは微分，積分回路の応用で，高周波数成分を除去するローパスフィルタ（LPF），低周波数成分を除去するハイパスフィルタ（HPF）および任意の周波数成分を通過させるバンドパスフィルタ（BPF）がある．OPアンプを用いたアクティブフィルタには種々のタイプがあるが，一般的に特性は図27.9に示すようなバターワース形かチェビシェフ形である．

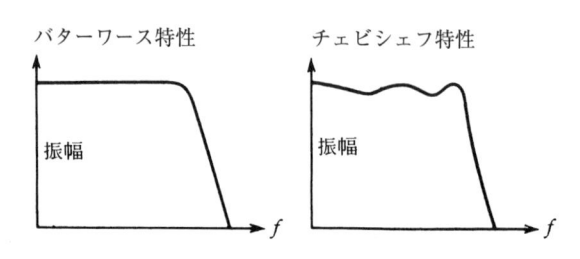

図 27.9　アクティブフィルタ特性

バターワース形は周波数に対する振幅減衰特性が通過域で平坦となり，カットオフ周波数の手前から単調に減衰する．チェビシェフ形は通過域でリップルを生じ，少し波打った振幅特性となる．しかし，遮断特性は急峻である．アクティブフィルタのおもな特性は，図27.10に示すように高周波数成分をカットするロー

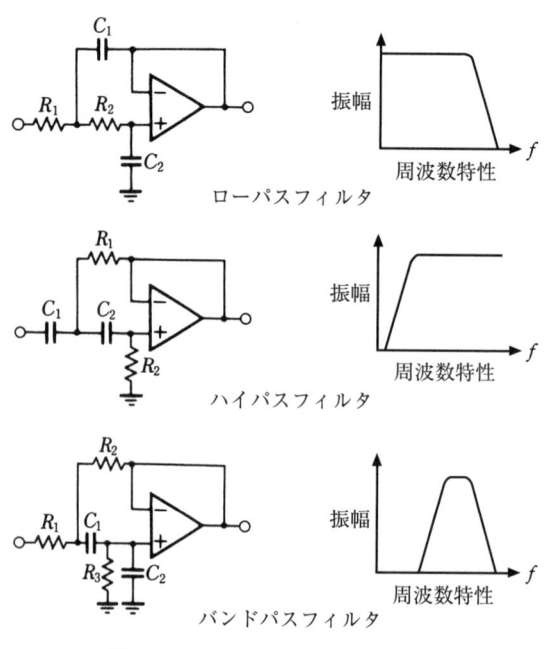

図 27.10　各種アクティブフィルタ

パスフィルタ，低周波数成分をカットするハイパスフィルタおよびある周波数帯域のみを通すバンドパスフィルタがある．

教程 28　ディジタル変換

　ディジタル変換はおもにアナログであるセンサ出力を，人間の理解しやすい数値として直接表示，計測する場合に行われる．この変換はアナログ波形を離散的なディジタル信号へ信号変換することを意味し，A/D変換器（Analog to Digital converter），V/F変換器（Voltage to Frequency converter）を用いて行われる．逆に，ディジタル処理された結果を，アナログ信号に変換して出力するD/A変換器（Digital to analog converter）もよく使用される．

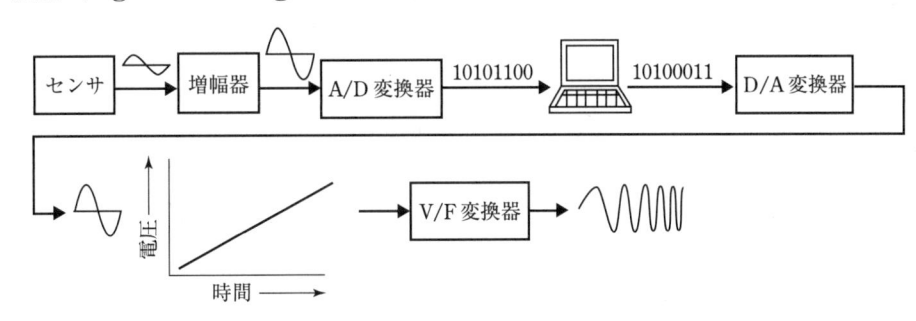

図 28.1　ディジタル変換

● 28.1　ディジタルコード ●

　ディジタル信号によるアナログ量の表現は，"1"，"0" で与えられる2値の組合せで行われる．この2値のもつ情報量を1ビット（bit：binary digit）という．

　● a．**自然2進コード**（Binary Code）　　ディジタル信号の組合せにおいて，最

表 28.1　自然2進コード

	MSB		LSB	10進数
重み（W）	$2^2=4$	$2^1=2$	$2^0=1$	
$W=2^{N-1}$ Nビット目の重み	0	0	0	0
	0	0	1	1
	0	1	0	2
	0	1	1	3
	1	0	0	4
	1	0	1	5
	1	1	0	6
	1	1	1	7

3ビットの自然2進コード101を10進変換すると，1×(4)+0×(2)+1×(1)=5となる．

も基本的なコードとして自然2進コードがある．N ビットの自然2進コードで表現できる数は，2^N 個である．$N=3$ の例を表に示す．MSB (Most Significant Bit) は最も重要な意味をもつビットで，LSB (Least Significant Bit) は最少の重みをもつビットである．10進数への変換は各ビットの重みとビットとの積和で与えられる．

● b. **2進化10進コード**（Binary Coded Decimal Code）　2進化10進コードはディジタル電圧計，カウンタなどの表示で使用されるコードで，各桁を自然2進コードの4ビットを用いて10進数の0〜9を表現する．

自然2進コードに比べ，表現できる数は低下するが，10進数であることから，われわれが非常に読み取りやすい．

表28.2　2進化10進コード

桁	×100	×10	×1
BCD	8 1000	9 1001	6 0110

自然2進コードでは，1110000000 の 10 ビットで表される．

● c. **オフセットバイナリーコード**（Offset Binary Code）　オフセットバイナリーコードは，正，負を表現するため自然2進コードのMSBビットを符号ビットとしたものである．すなわち，自然2進コードの中間のコードを10進数の0と見なし，MSBビットが1の場合を正，0の場合を負とし，残りのビットを自然2進コードとするコードである．問題は絶対値の等しい正，負のコードを加えた場合，零とならず負の最大値となってしまう．

● d. **2′S コンプリメンタルコード**（2′S Complimental Code）　2′S コンプリメンタルコードはオフセットバイナリーコードのMSBビットを反転し，絶対値の等しい正，負のコードを加えた場合に，零となるようにしている．このコードはオフセットバイナリーコードの問題を解決しており，コンピュータでよく使用されている．

● e. **アスキーコード**（ASCII；American Standard Code for Information Interchange）　アスキーコードはコンピュータで使用されるアルファベット．数字，記号，制御コードなどを示す情報交換用のアメリカ標準コードである．日本では，アスキーコードと同一のISO標準に片仮名を加えたJISコード（表28.4）を用いている．アスキーコードは1バイト (byte；8ビットを意味する) で表現されるが，そのMSBビットは情報交換時の伝送エラーを検出するパリティ

表28.3 2進化10進コードと2'Sコンプリメンタルコード

(−1)+(+1)の計算は 011 + 101 = 000 となり，−4となる．

OBC			2' SCC		
M		L	10進	M		L	10進
0	0	0	−4	1	0	0	−4
0	0	1	−3	1	0	1	−3
0	1	0	−2	1	1	0	−2
0	1	1	−1	1	1	1	−1
1	0	0	0	0	0	0	0
1	0	1	1	0	0	1	1
1	1	0	2	0	1	0	2
1	1	1	3	0	1	1	3

(−1)+(+1)の計算は 111 + 001 = 000 となり，0となる．

表28.4 アスキーコード

Y\X	0	1	2	3	4	5	6	7	8	9	A	B	C	D	E	F
0		D_E		0	@	P		p	年	π	￣	─	タ	ミ	た	み
1	S_H	D_1	!	1	A	Q	a	q	月	あ	。	ア	チ	ム	ち	む
2	S_X	D_2	"	2	B	R	b	r	日	い	「	イ	ツ	メ	つ	め
3	E_X	D_3	#	3	C	S	c	s	市	う	」	ウ	テ	モ	て	も
4	E_T	D_4	$	4	D	T	d	t	区	え	、	エ	ト	ヤ	と	や
5	E_Q	N_K	%	5	E	U	e	u	町	お	・	オ	ナ	ユ	な	ゆ
6	A_K	S_N	&	6	F	V	f	v	を	か	ヲ	カ	ニ	ヨ	に	よ
7	B_L	E_B	'	7	G	W	g	w	ぁ	き	ァ	キ	ヌ	ラ	ぬ	ら
8	B_S	C_N	(	8	H	X	h	x	い	く	ィ	ク	ネ	リ	ね	り
9	H_T	E_M	)	9	I	Y	i	y	う	け	ゥ	ケ	ノ	ル	の	る
A	L_F	S_B	*	:	J	Z	j	z	え	こ	ェ	コ	ハ	レ	は	れ
B	H_M	E_C	+	;	K	[	k	{	お	さ	ォ	サ	ヒ	ロ	ひ	ろ
C	C_L	→	,	<	L	¥	l	|	ゃ	し	ャ	シ	フ	ワ	ふ	わ
D	C_R	←	−	=	M	]	m	}	ゅ	す	ュ	ス	ヘ	ン	へ	ん
E	S_O	↑	.	>	N	∧	n	~	ょ	せ	ョ	セ	ホ	゛	ほ	▨
F	S_I	↓	/	?	O	─	o	\	っ	そ	ッ	ソ	マ	゜	ま	

上位4ビット — JIS
上位3ビット — ASCII
下位4ビット

チェック用である．パリティチェックは1バイトを構成する1のトータル数を求め，設定した偶数，あるいは奇数と一致するかどうかでエラー検出を行う．

教程29　A/D 変 換 器

　A/D変換器はアナログ信号の振幅をいくつかのレベルに分割し，ディジタルコード化を行う．この変換において問題となるのは，A/D変換器の分解能，量子化誤差およびデータを標本化（サンプリング）するときの周波数である．

　分解能はA/D変換器が有するディジタルビット数 N で表され，2^N のレベルをディジタルコード化できることを意味する．したがって，高分解能を望む場合は，ビット数の多いA/D変換器を用いなければならない．

　量子化誤差は分解能に関連して生じる．ディジタルコードは通常，変換するアナログ信号の振幅の中間値で与えられ，±1/2 LSB に相当する振幅誤差を含むと考えられる．この誤差が量子化誤差で，誤差の低減はA/D変換器のビット数を上げることで行われる．

　標本化（サンプリング）周波数はA/D変換されたディジタルデータの取込み間隔を与え，この周波数の設定によってはアナログ信号の情報が失われてしまう．設定の基本となるのは標本化（サンプリング）定理で，アナログ信号に含ま

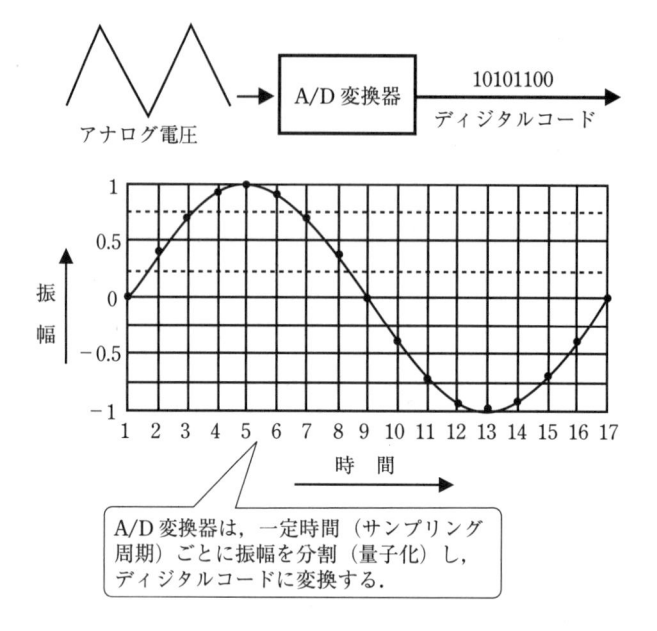

図29.1 A/D変換

A/D変換器は，一定時間（サンプリング周期）ごとに振幅を分割（量子化）し，ディジタルコードに変換する．

れる最高周波数の2倍以上の周波数で標本化しなければならない．

29.1 デュアルスロープ積分形 A/D 変換器

図 29.2 に示す積分形の A/D 変換器は変換速度が数十〜数百 ms 程度の比較的遅い変換に用いられる．積分形で最もよく使用されているのが，デュアルスロープ積分形 A/D 変換器で，積分回路のコンデンサ C にチャージされた電荷の充，放電時間を計測することで A/D 変換が行われる．

入力電圧 (e_i) が一定時間 (T) 積分器に加えられると，積分器出力電圧 (e_o) は，

$$e_o = -\frac{1}{RC}\int_0^T e_i dt = -\frac{1}{RC} e_i T \tag{29.1}$$

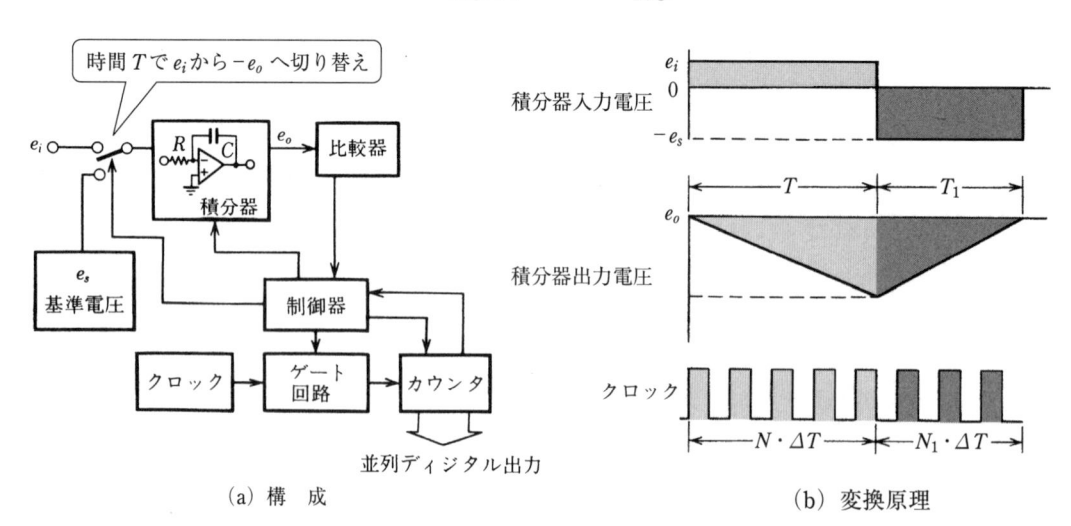

(a) 構　成

(b) 変換原理

図 29.2　デュアルスロープ積分形 A/D 変換器

となる．次に，入力電圧とは極性の反転した基準電圧 $(-e_s)$ を入力へ加えると，積分器出力は，

$$e_o = -\frac{1}{RC} e_i T + \left(-\frac{1}{RC}\int_0^{T_1} e_s dt\right) = -\frac{1}{RC}(e_i T - e_s T_1) \quad (29.2)$$

となる．ここで，積分器出力電圧が零になる時間を T_1 とする．

式(29.2)より，入力電圧は

$$e_i = \frac{e_s}{T} T_1 \quad (29.3)$$

で与えられる．T, T_1 に対応する時間をクロックパルス数 N, N_1 で表すと，

$$\begin{aligned} T &= N \cdot \varDelta T \\ T_1 N_1 &= \cdot \varDelta T \end{aligned} \quad (29.4)$$

で与えられる．ただし，$\varDelta T$ はクロックパルスの1周期の時間である．上式より，

$$e_i = \frac{e_s}{N\varDelta T} N_1 \varDelta T = \frac{e_s}{N} N_1 = K N_1 \quad (29.5)$$

ただし，$K = e_s/N$

となる．したがって，入力電圧 (e_i) は放電時間に対応するクロックパルスの数で与えらる．このクロックパルスがバイナリーカウンタでカウントされ，ディジタルコードとして出力される．

29.2 逐次比較形 A/D 変換器

図29.3に示す逐次比較形 A/D 変換器は，変換速度が $1\,\mu s \sim 1\,ms$ と中速で現在最も多く使用されている．変換は逐次，カウンタを設定し，D/A 変換器の出力

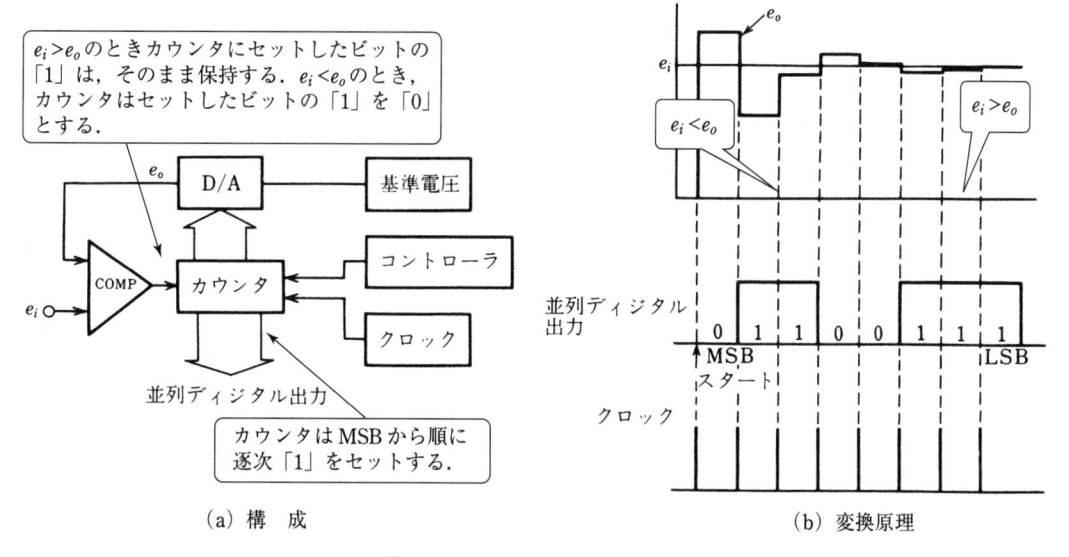

図29.3 逐次比較形 A/D 変換器

電圧がアナログ入力電圧に最も近い値となるようにして行われる．カウンタは変換前にすべて0にリセットされ，変換スタート信号によりカウンタのMSBが1にセットされる．このカウンタの内容はD/A変換器で，A/D変換器の最大入力電圧の1/2のアナログ電圧に変換され，コンパレータへ入力される．

コンパレータでは，A/D変換される入力電圧とD/A変換されたアナログ電圧とが比較される．入力電圧がアナログ電圧より大きい場合，カウンタの内容はホールドされ，逆の場合はクリアされる．同様の操作がカウンタのLSBまで逐次実行される．その結果，D/A変換器のアナログ出力電圧は入力電圧に最も近くなる．このときのカウンタの内容がディジタルコードとして出力される．

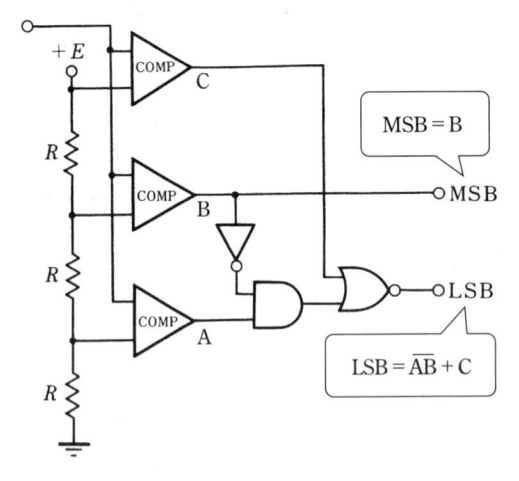

29.3 並列形A/D変換器

並列形A/D変換器は，ビデオ信号などの高周波数成分を含む信号のA/D変換に使用され，分解能8ビット，変換速度10 ns程度と高速である．並列形A/D変換器はECL (Emitter Coupled Logic) を用いたコンパレータおよびコード変換回路で構成されている．

図29.4に，2ビットの並列形A/D変換器の回路構成を示す．分解能Nビットの場合は2^{N-1}個のコンパレータが入力段に並列に接続され，各コンパレータの基準電圧を最大変換入力電圧の2^N等分した電圧ステップでセットされる．

アナログ入力電圧は各コンパレータの基準電圧と比較され，入力電圧以下の基準電圧をもつコンパレータ出力がすべて1となり，他が0となる．このコンパレータ出力が，コード変換回路でディジタルコードに変換される．

図29.4 並列形A/D変換器

29.4 サンプル&ホールド回路

A/D変換中に1 LSB相当以上のアナログ電圧が変動すると，変換されたディジタル値は誤差を含んでしまう．そこで，A/D変換開始時のアナログ電圧を一定に保持するサンプル&ホールド回路が必ず使用される．サンプル&ホールド回路

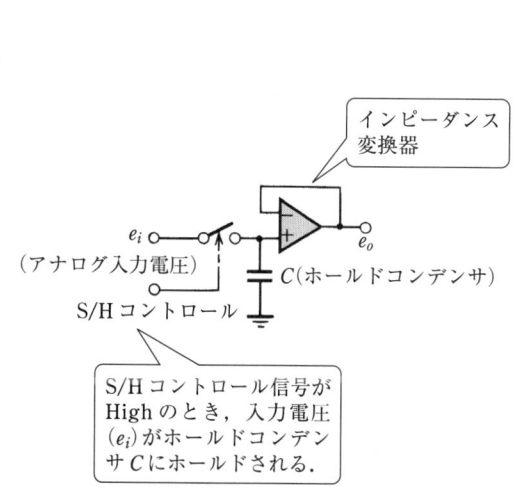

図 29.5 サンプル&ホールド回路 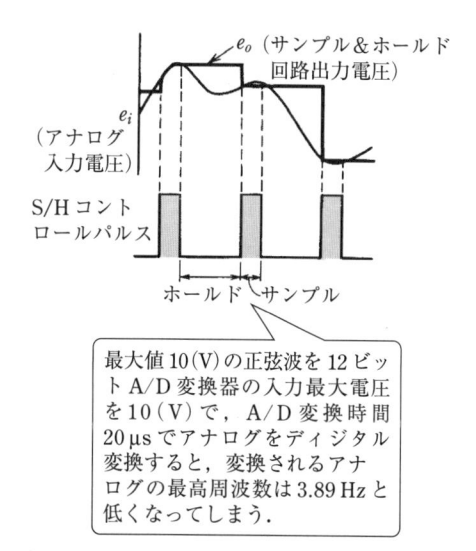   **図 29.6** サンプル&ホールド回路の入，出力波形

およびタイムチャートを図 29.5 と図 29.6 に示す．

このサンプル&ホールド回路を使用せず，A/D 変換した場合，1 LSB の誤差を発生する入力アナログ電圧（$V = A\sin\omega t$）の変化は

$$E_r = \frac{dV}{dt} = \frac{\Delta V}{\Delta t} = \frac{V_{\text{LSB}}}{\Delta t} = \frac{V_{\text{FS}}}{2^N \cdot \Delta t} \text{ (V/s)} \tag{29.6}$$

（Δt：A/D 変換時間，N：N ビット A/D 変換器，V_{FS}：A/D 変換器の入力最大電圧）で与えられる．ここで，アナログ入力電圧の最大の傾きは，

$$\frac{dV}{dt} = \omega A \cos\omega t = 2\pi f A \cos\omega t \qquad \therefore 2\pi f A \tag{29.7}$$

で与えられ，1 LSB の誤差なしで，A/D 変換可能な最高周波数（f）は，

$$f = \frac{V_{\text{FS}}}{2^N \cdot \Delta t \cdot A \cdot 2\pi} \tag{29.8}$$

となる．したがって，A/D 変換器には必ずサンプル&ホールド回路が使用される．

教程 30　D/A 変 換 器

D/A 変換は A/D 変換の逆で，ディジタル信号をアナログ信号に変換することである．D/A 変換器はディジタル形のセンサ出力，あるいはディジタル計算機で

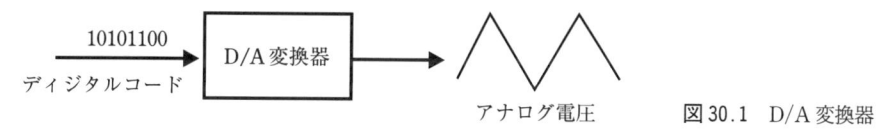

図 30.1 D/A 変換器

処理されたデータをアナログで表示する場合に用いられる．

30.1 重み抵抗形D/A変換器

D/A変換器は図30.2に示すように，演算増幅器と抵抗とを用いた加算器で，各ビットの重みに応じた抵抗値をセットすることで容易に構成される．

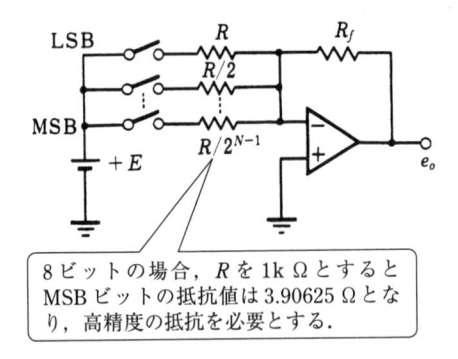

8ビットの場合，Rを1kΩとするとMSBビットの抵抗値は3.90625Ωとなり，高精度の抵抗を必要とする．

図30.2 重み抵抗形D/A変換器

加算器の入力抵抗と出力電圧（e_o）との関係は，

$$e_o = \sum_{i=0}^{N-1} -\frac{R_f}{R/2^i} E \tag{30.1}$$

で与えられる．このD/A変換器では，ビット数が多くなると，必要となる入力抵抗（R）の値がかなり広範囲となり精度が低下する．

30.2 ラダー形D/A変換器

図30.3に示すラダー形D/A変換器はR，$2R$の2種の抵抗で構成され，抵抗の交点①，②，③，④から左右をみた抵抗値は，常に$2R$となる．したがって，スイッチ$SW_{1〜4}$が$+E$側へ倒された場合，各交点での電圧は，$E/3$となる．ここで，SW_1のみが$+E$側で他がグランド側であると，交点①での電圧は$E/3$，②で$E/6$，③で$E/12$，④で$E/24$となり，順次1/2倍で減少し，2進コードに対応した電圧となる．出力側に最も近いSW_4がMSBとなり，SW_1がLSBとなる．

R，$2R$の2種類の抵抗で構成される．

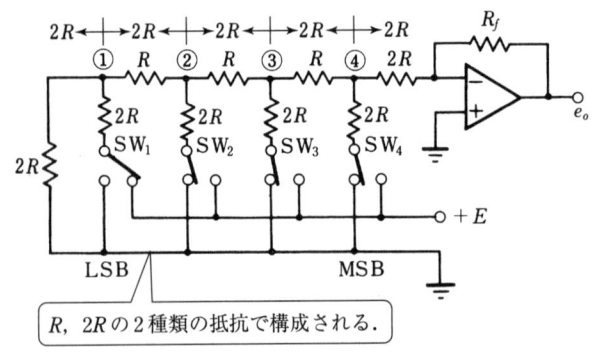

図30.3 ラダー形D/A変換器

教程 31	ディジタルインターフェース

各種のセンサで得られた情報は，A/D 変換された後パーソナルコンピュータに取り込まれ，何らかの処理が行われることが多い．さらに，コンピュータで処理された結果をディジタルコードあるいはアナログ電圧として出力される．このように，外部機器とコンピュータとのデータのやりとりをする部分がディジタルインターフェースであり，シリアルインターフェースとパラレルインターフェースの 2 種類がある．

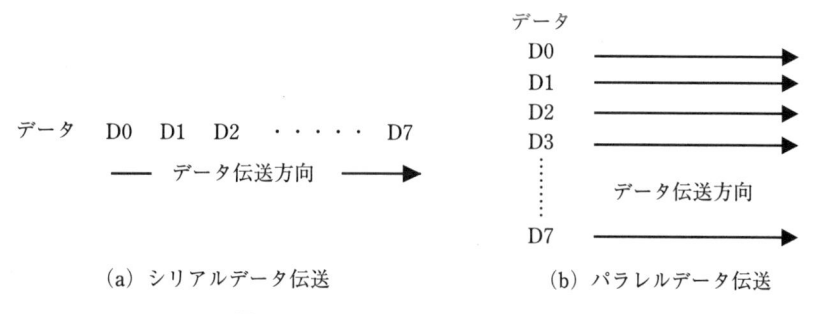

(a) シリアルデータ伝送　　(b) パラレルデータ伝送

図 31.1　ディジタルインターフェース

31.1　シリアルインターフェース

シリアルインターフェースの国際標準規格は国際電信電話諮問委員会 (CCITT) が中心になり，国際電気標準会議 (IEC)，国際標準化機構 (ISO) および日本工業規格 (JIS) などの委員会で制定した．現在，パーソナルコンピュータを用いた計測システムでのインターフェースで最もよく使用されている規格は，EIA がデータ端末装置とデータ通信装置とのインターフェースの RS 232 C 方式であるが，最近高速シリアルインターフェースとして USB (Universal Serial Bus) がパーソナルコンピュータでおもに用いられている．

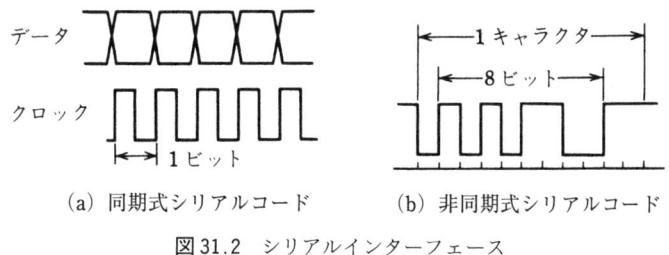

(a) 同期式シリアルコード　　(b) 非同期式シリアルコード

図 31.2　シリアルインターフェース

a．RS-232C 方式のおもな仕様

① 伝送速度は最大 20 Kbaud (bit/s)．

② 伝送距離は 15 m 以下．

ピン番号	信号名	ピン番号	信号名
1	DCD	6	DSR
2	RxD	7	RTS
3	TxD	8	CTS
4	DTR	9	RI
5	GND		

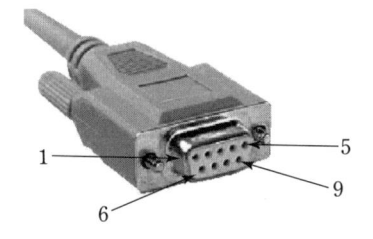

図 31.3　RS-232C 方式のコネクター

③　伝送信号は負論理で論理 1 を $-3 \sim -15\,\mathrm{V}$，論理 0 を $3 \sim 15\,\mathrm{V}$ とする．

④　使用コネクターは 25 ピンが標準であるが，最近，図 31.3 に示すような 9 ピンのコネクターが多く使用されている．

データ通信方式には送，受信に 2 回線を用いて同時双方向通信を可能にする全二重方式と，1 回線で交互にデータ通信を行う半二重方式とがある．さらに，同期方式と非同期方式とがある．同期方式はデータ線と別に同期信号を送る回線をもち，クロックごとに 1 ビットが伝送される．非同期方式は伝送されるデータに同期情報が組み込まれる．したがって，受信側での制御が複雑となり伝送速度が低下する．

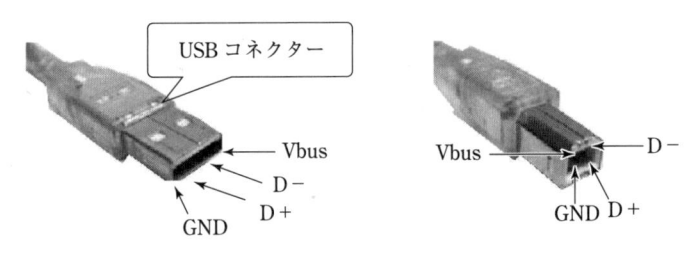

図 31.4　USB 方式のコネクター

● b．USB 方式のおもな仕様

①　USB2.0 の規格での転送モードは LS モード（1.5 Mbps），FS モード（12 Mbps），HS モード（480 Mbps）の 3 種類がある．

②　ホストとデバイス（Master/Slave）があるが，デバイス側からホストに対してほとんど何も操作を行うことはできない．

③　USB バス上に接続されているデバイス同士が直接アクセスし合うことができない．

④　ケーブルは最長 5 m．

⑤　接続できるデバイスの最大台数は 127 台．

⑥　HUB は最高 6 層まで接続可能．

● 31.2　パラレルインターフェース ●

シリアルインターフェースの機能を大きく強化したパラレルインターフェー

ス IEEE-488 標準バスが，1975 年 IEEE で標準規格化された．この規格は，最初アメリカの Hewlet-Packard 社が計測制御機器とコンピュータとのインターフェースとして開発した HP-IB (Interface Bus) 方式と基本的に同様である．

現在，この方式は IEC-IB，GP-IB とも呼ばれ，インターフェースの機能，コネクタおよび電気的規格などの各仕様が標準化され，同一の規格をもつ装置同士容易に接続可能とした．

● IEEE-488 方式のおもな仕様

① 伝送速度は，1 M byte/s 以下．

② 計測システムに接続可能なインターフェースは 15 以内．

③ 接続ケーブルは 1 システム合計で 20 m 以内でインターフェースの数 10 以下の場合，インターフェース 1 台につき 2 m 以内である．

④ インターフェース機能はシステム全体を制御するコントローラ，データの受信装置であるリスナ，データの送信装置であるトーカのいずれか少なくとも一つの機能を有している．

⑤ 個々のインターフェースは 0〜31 の間の番地（アドレス）が割り当てられる．

⑥ バスラインは 8 ビットのパラレルデータを送受信するデータバス 8 本，確実にデータを送受信するためのハンドシェイクバス 3 本，データバスの管理を行う管理バス 5 本およびグランド線 7 本の計 23 本で構成する．

⑦ 伝送信号は TTL レベル．

以上である．図 31.5 にシステム構成およびコネクターを示す．

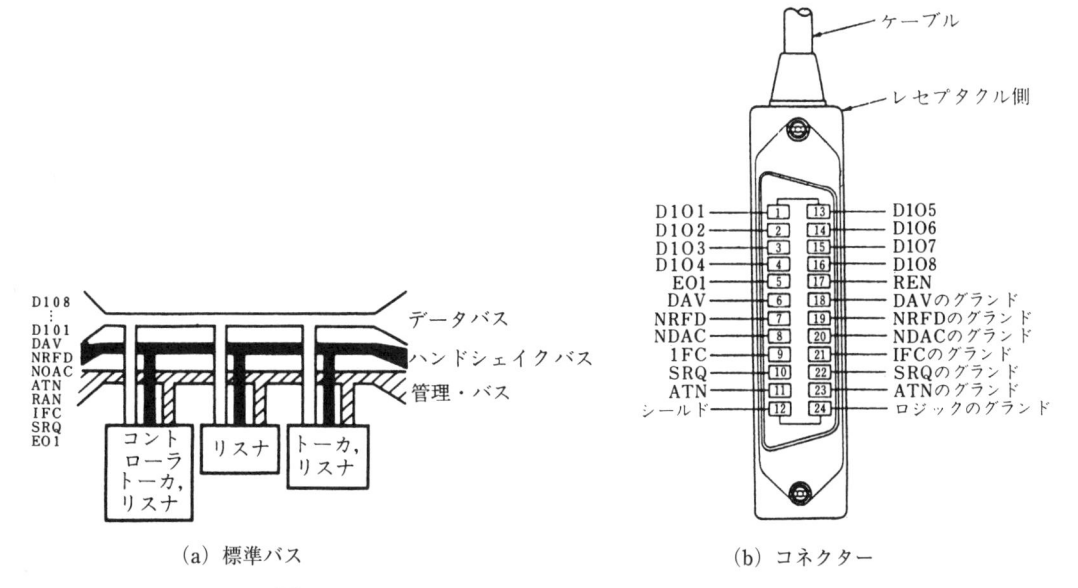

（a）標準バス　　　　　　　（b）コネクター

図 31.5 IEEE-488 方式のシステム構成およびコネクター

第3編　バーチャル計測器

教程32　LabVIEW

　　ここでは，LabVIEW（ラボビュー）というプログラミング環境について解説する．このプログラミング環境の評価版は，NATIONAL INSTRUMENTS Corporationのホームページ http://www.ni.com/jp から入手できる．そのプログラムは，C言語やBASIC言語のように文字を使ってプログラムを書くのではなく，ブロック図のような絵を描くことでプログラムするユニークなプログラミング法である．C言語のような汎用言語ではないが，計測や制御に便利な機能を多くもっている．汎用言語では難しくて，困難な問題でも簡単に解決できる優れたものである．

● 32.1　VIの作成例 ●

　　LabVIEWによれば，普通のパソコンに「電子計測器」としての機能を簡単にもたせることができる．図はパソコンにオシロスコープの機能をもたせたものである．内部で発生した正弦波を表示している．ノブをマウスで回すと，振幅が変化する様子が見える．

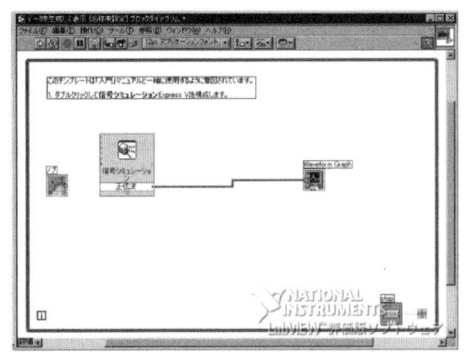

　　　　　(a)　VIのプログラム　　　　　　　　　(b)　VIのフロントパネル
　　　　　　　　図32.1　VIのプログラムと表示パネル

　　単に観察するだけでなく，外部にセンサなどをつないでいろいろな物理量を測ったり，制御する「電子計測器」として使用することができる．このような仮想的な計測器を仮想計測器（バーチャル・インスツルメンツ，Virtual Instruments：VI））と呼んでいる．

　　次に，評価版のLabVIEWを使用して，VIを作成する手順の例を示す．

32.2 LabVIEW のダウンロード

次に，LabVIEW をダウンロードする手順を説明する．

手順1．発振器とオシロスコープ

NATIONAL INSTRUMENTS Corporation のホームページ http://www.ni.com/jp を開く．図32.2のようなフロントページが現れる．評価版ソフトウェアを選択して，ダウンロードを開始する．指示に従って，インストールをすませる．

ダウンロードをクリック

図 32.2　NI のホームページ

評価版ソフトウェアをクリック

図 32.3　LabVIEW 選択画面

32.3 VIの作成手順

次に，インストールしたLabVIEWを使用してVIを作成する手順を説明する．

例1．発信器とオシロスコープ

信号を生成し，その信号をフロントパネル上に表示するVIを作成する．次の手順に従う．

① LabVIEWを起動する．

スタート→プログラム→LabVIEW 7.0 価版を選択すると，図32.4のようなフロントページが現れる．画面下の「LabVIEWを使用する」をクリックする．

② 図32.5に示すLabVIEWのダイアログボックスで，新規ボタンをクリックして，新規ダイアログボックスを表示する．

③ 新規作成リストで，テンプレートVI チュートリアル（入門）→データを生成し表示を選択する．このテンプレートVIは信号を生成して表示する．テンプレートのプレビューが，フロントパネルプレビューおよびブロックダイアグラムプレビューセクションに表示される．図32.6は，新規ダイアログボックスおよび「データを生成して表示」テンプレートVIを示す．

④ OKボタンをクリックしてテンプレートを開く．

図32.4 フロントページ

図32.5 ダイアログボックス

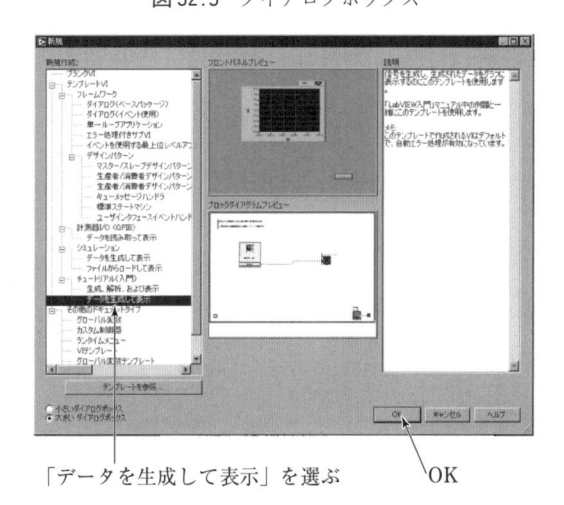

図32.6 新規ダイアログボックス

⑤ VIのフロントパネルの構成を調べる.
ユーザインターフェース,つまりフロントパネルの背景は灰色で,制御器と表示器が配置されている.

メ　モ：フロントパネルが表示されていない場合は,ウィンドウ→フロントパネルを表示を選択すると,フロントパネルを表示できる.

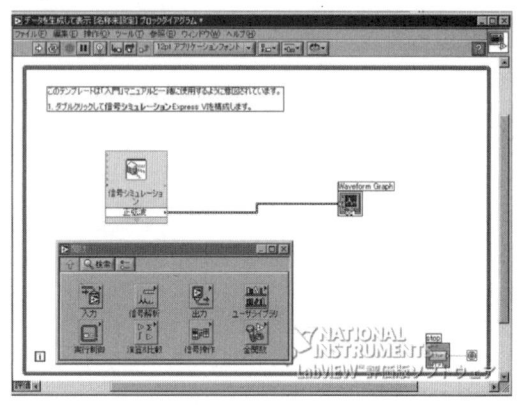

⑥ VIのブロックダイアグラムの構成を調べる.ブロックダイアグラムの背景は白で,フロントパネルのオブジェクトを制御するVIおよびストラクチャが含まれている.

メ　モ：ブロックダイアグラムが表示されていない場合は,ウィンドウ→ブロックダイアグラムを表示を選択して,ブロックダイアグラムを表示できる.

<VIを実行する>

① フロントパネルのツールバーにある,矢印で示す実行ボタンをクリックする.グラフに正弦波が表示される.

② VIを停止するには,フロントパネルで図32.9に示す停止ボタンをクリックする.

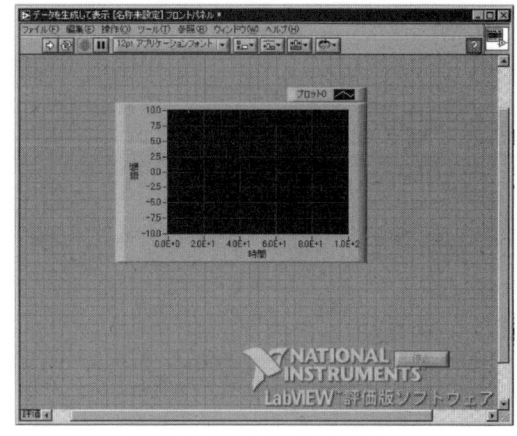

図32.7　VIのフロントパネル

図32.8　VIのブロックダイアグラム

図32.9　VIを停止

●例2. 信号の大きさを制御する．

以下の手順に従って，フロントパネルに設定値を変更するためのノブ制御器を追加する．

＜制御器を作成する＞

① 図32.10に示す制御器パレット上で，数値制御器パレットを見つける．そして，アイコン上にカーソルを移動すると，サブパレットが表示される．

ヒント：制御器パレットが表示されていない場合は，ウィンドウ→制御器パレットを表示を選択して表示する．

ヒント：誤操作をした場合，編集→取り消しを選択することによって，いくつかの操作をもとに戻すことができる．

② ノブ制御器を選択し，次にフロントパネルの波形グラフの左側をクリックして配置する（またはノブ端子をクリックして選択し，「信号シミュレーション」の左にドラッグする）．

③ このノブは，信号の振幅を制御する練習で後ほど使用する．

④ ファイル→別名で保存を選択して，このVIを「信号集録．vi」という名前でわかりやすい場所に保存する．

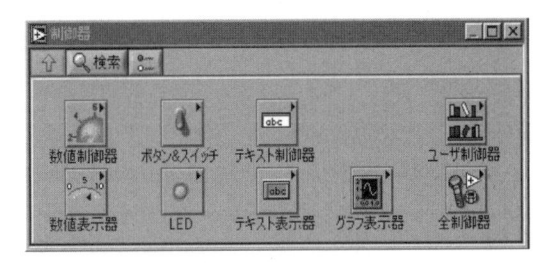

図32.10 制御器パレット (a)

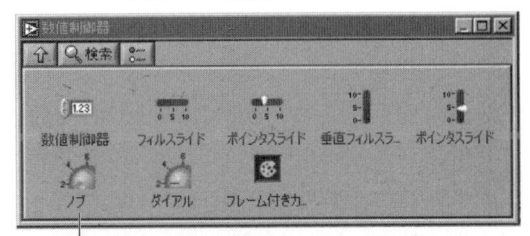

制御器パレット (b)

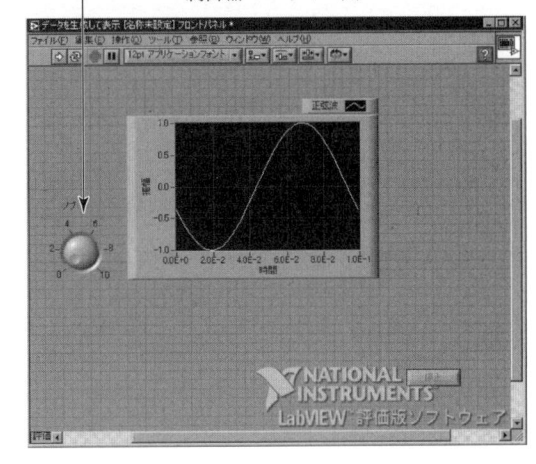

図32.11 制御器が配置されたフロントパネル

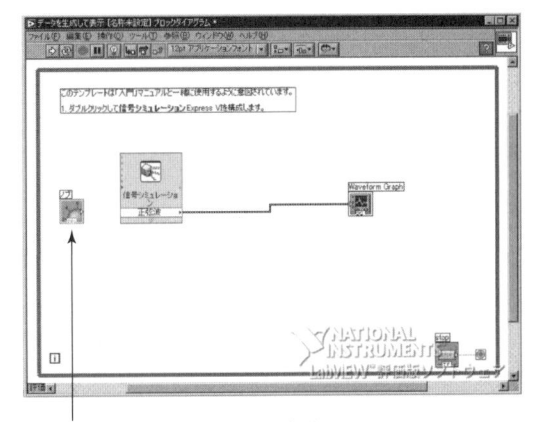

ブロックダイヤグラムには自動的にノブ制御器が配置される

図32.12 図32.11のフロントパネルに対応したブロックダイアグラム

＜配線する＞

ブロックダイアグラム上のノブ制御器と「信号シミュレーション」を配線する．

ノブ制御器を使用して信号の振幅を変更するようにするには，ブロックダイアグラム上の二つのオブジェクトを配線する必要がある．以下の手順に従って，ノブを「信号シミュレーション」の振幅入力に配線する．

① 振幅入力端子を生成するために，カーソルを「信号シミュレーション」の下部にある下矢印に移動する．

② 図32.14(a)のような上下向矢印が表示されたところで枠をクリックし，振幅入力が表示されるまでドラッグする．振幅入力がブロックダイアグラムに表示される．

③ ノブ端子の上にカーソルを移動すると，位置決めツールが表示される．どのようにすれば，カーソルが矢印，つまり図32.14に示すような位置決めツールに変わるかを確認する．位置決めツールを使用して，オブジェクトを選択，配置，およびサイズ変更する．

④ ブロックダイアグラム上の空白のスペースをクリックして，ノブ端子を選択解除する．

⑤ カーソルをノブ端子の矢印上に移動する．カーソルが糸巻き，つまり配線ツールに変わる．配線ツールを使用して，ブロックダイアグラム上のオブジェクト間を配線する．

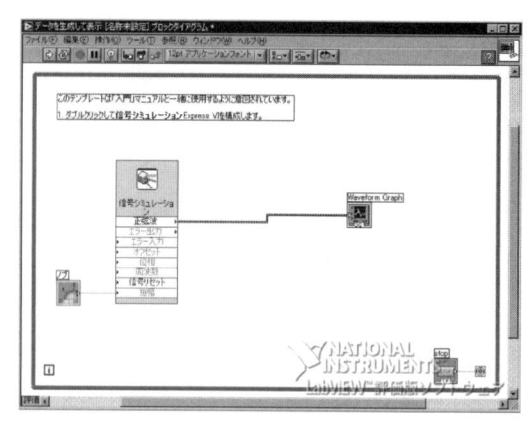

図 32.13　ノブを発振器の近くに配置

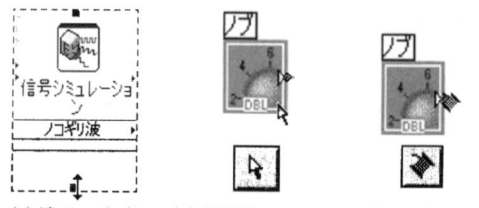

(a) 端子の生成　(b) 位置決めツール　(c) 配線ツール

図 32.14　結線準備と配置用具

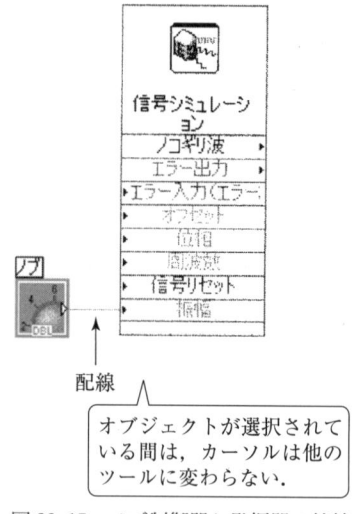

図 32.15　ノブ制御器と発振器の接続

⑥ 配線ツールが表示されたら，矢印をクリックし，「信号シミュレーション」の振幅入力をクリックして，二つのオブジェクトを配線する．ワイヤが表示され，二つのオブジェクトが接続された．このワイヤに沿って，データが端子から「信号シミュレーション」VIに伝わる．

⑦ ファイル→保存を選択してこのVIを保存する．

<VIを実行する>

信号集録VIを実行するには，以下の手順に従う．

① ウィンドウ→フロントパネルを表示を選択して，フロントパネルを表示する．
② 実行ボタンをクリックする．
③ カーソルをノブ制御器上に移動する．カーソルが手，つまり操作ツールに変わる．操作ツールを使用して，制御器の値を変更したり，制御器内のテキストを選択できる．
④ 操作ツールを使ってノブを回し，波の振幅を調整する．また，グラフのy軸が振幅の変更を反映して自動調整される．
  実行ボタンは，濃い色の矢印になり，VIが実行中であることを示す．VIの実行中は，フロントパネルまたはブロックダイアグラムの編集はできない．
⑤ 停止ボタンをクリックして，VIを停止させる．
  停止はツールバーにある中断ボタンではなく，フロントパネルにある停止ボタンを使用して行うこと．

ウィンドウ→フロントパネルを表示を選択

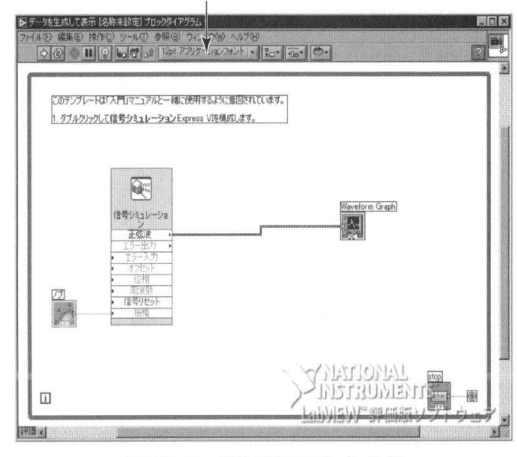

図32.16 配線が完了した状態

実行ボタン

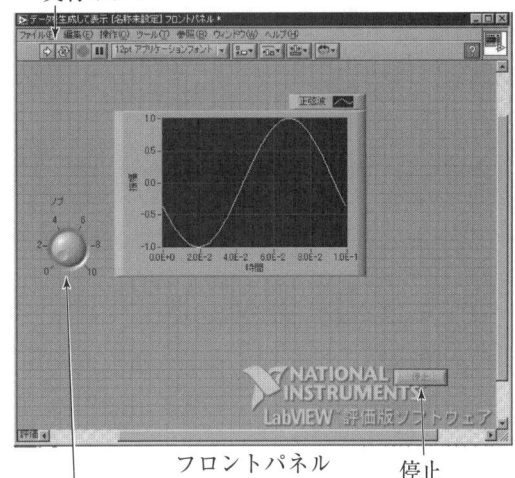

フロントパネル　停止

この手の形の操作ツールを使用して，制御器の値を変更する．

図32.17 信号集録VIの実行

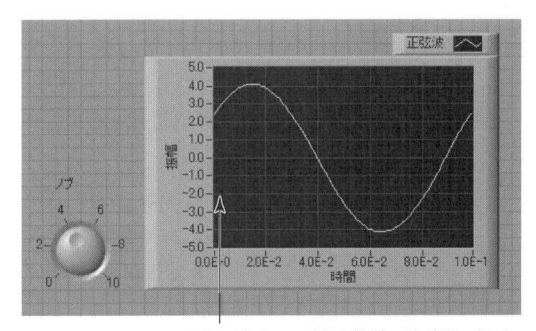

ノブを回すと，y軸の数値は振幅の変更を反映して自動調整される．

図32.18 ノブの操作

演 習 問 題

- 20.1 計測システムに必要な技術をあげ説明しなさい．
- 20.2 計測システムの二つのインターフェースについて説明しなさい．
- 20.3 計測技術の発展にはどのような技術の進展が必要ですか，説明しなさい．
- 21.1 受動的検出法と能動的検出法のそれぞれに分類されるセンサの実例をあげ，測定原理を簡単に説明しなさい．
- 21.2 過度測定法，間隔を利用した測定法，量子化法のそれぞれに分類される測定法の実例をあげ，測定原理を簡単に説明しなさい．
- 21.3 10^{-1} pF の静電容量を測定したい．どのような検出法が考えられるだろうか．
- 22.1 同心円筒形電極を用いた静電容量形センサについて，変位と容量との関係を求めなさい．
- 22.2 インダクタンス形センサで磁気回路の空隙を変化させているが，ソレノイドの中で鉄心を動かしたらインダクタンスがどのように変化するか求めなさい．
- 22.3 うず電流形センサの特徴を述べなさい．
- 23.1 圧電形センサを用いて振動計測で注意しなければならない点は何か述べなさい．
- 23.2 ゲージ率のもつ意味を述べなさい．
- 24.1 非接触形温度センサの測定原理を述べなさい．
- 24.2 抵抗温度測定でなぜ3線式ブリッジが使用されるか述べなさい．（図 24.2 の平衡条件を求めてみよ．）
- 24.3 ゼーベック効果について述べなさい．
- 24.4 図 24.2 (b) の温度測定回路で熱電対とリニアライザとの関係を述べなさい．
- 24.5 焦電形センサを用いた温度測定回路で注意しなければならないことは何か述べなさい．
- 24.6 焦電形センサを用いて一定の温度を測定するには，どのようにしたらよいか述べなさい．
- 25.1 CdS センサの特徴を述べなさい．
- 25.2 pin 形フォトダイオードは普通のフォトダイオードに比べ非常に応答速度が速い．何故か述べなさい．
- 25.3 固体イメージセンサ（CCD）で読み出される光電変換量はある時間の平均値である．この理由を述べなさい．
- 26.1 湿度センサの原理と問題点を述べなさい．
- 26.2 PH センサとバイオセンサの機能と構造の違いを述べなさい．
- 27.1 図 27.2 (b)，(c) に示す回路の入，出力関係を誘導しなさい．
- 27.2 図 27.2 (b)，(c) の入力に負の直流電圧を加えたとき，出力はどのようになるか考えなさい．
- 28.1 8 および 16 ビットで表現できる数はいくらか求めなさい．
- 28.2 計算機で 2S コンプリメンタルコードがよく用いられる理由を述べなさい．
- 28.3 ASCII コードと JIS コードとは何が違うのかを述べなさい．
- 29.1 0.1 ％ の精度をもつ A/D 変換器は何ビット必要とするか求めなさい．
- 29.2 A/D 変換器に必ずサンプル&ホールド回路が使用される．この理由を述べなさい．
- 29.3 $N=12$ ビット，$V_{FS}=10$ V，$\Delta t=20$ μsec の A/D 変換器へ $A=5$ V の正弦波を加えた場合，1 LSB の誤差を発生する周波数を求めなさい．
- 30.1 D/A 変換器ビット数が多くなった場合，重み抵抗形とラダー形どちらが精度よく容易に構成することができるか述べなさい．
- 30.2 4 ビットの重み抵抗形 D/A 変換器，ラダー形 D/A 変換器を構成しなさい．

演習問題

- 31.1 計算機の電話線による通信にはシリアルインターフェースが用いられている．この理由を述べなさい．
- 31.2 シリアルインターフェースとパラレルインターフェースのそれぞれの特徴を述べなさい．
- 32.1 バーチャル計測器とは何か，説明しなさい．
- 32.2 信号を生成し，その信号をフロントパネル上に表示するVIを作成しなさい．

索　引

あ　行

アクティブフィルタ　114
アスキーコード　116
圧電形センサ　96
RS 232 C　123
アンダソンブリッジ　71

位相計　49
インダクタンス形センサ　95
インターフェース　87
インテリジェント化　90
インピーダンス計　66

VI　127
うず電流形センサ　95
うず電流損　79

SI　1
SI 単位系　4
X-Y レコーダ　56
A/D 変換器　117
エレクトロニックカウンタ　52
エレクトロニック検流計　28
エレクトロニック磁束計　74
演算増幅器　111

オシロスコープ　53
オフセットバイナリーコード
　　116
重み抵抗形 D/A 変換器　122

か　行

階　級　11
回転磁界　25
外部臨界制動抵抗　29
回路計　59
ガウスメータ　75
核磁気共鳴吸収　75
確率密度　37
ガスセンサ　107
仮想変位の方法　19
かたより　2
可動コイル形計器　15
可動コイル形直流検流計　27
可動鉄片形計器　21
間接測定　35

基本測定法　9, 10, 37
球ギャップ　45
極座標式　61

空気制動　13
偶然誤差　3
駆動装置　13
駆動トルク　15
クランプメータ　46

計器用変成器　29
計器用変流器　29
計　測　1
計測システム　87
系統誤差　3
ゲージ率　98
ケリー・ホスタブリッジ　70
検流計　27

光起電力効果　105
光起電力セル　105
公算誤差　3
校　正　3
酵素センサ　109

交直流比較器　23
高電圧測定　45
光電子増倍管　107
光電子放出効果　107
交流電圧　45
交流電力量計　29
交流ブリッジ　68
国際単位　1
国際単位系　4
国際標準化機構　4
誤　差　2, 40
誤差伝搬　40
誤差率　2, 40
誤差量　2
固体イメージセンサ　106

さ　行

最確値　38
最小二乗法　38
さぐりコイル　73
差動増幅器　113
差動法　35
サーミスタ　102, 104
サーモパイル　104
産業技術総合研究所　37
3 線式ブリッジ　102
三相電力　51
三電圧計法　48
散布図　42
サンプリングオシロスコープ
　　54
サンプル＆ホールド回路　120

シェリングブリッジ　71
磁化特性　76
磁気抵抗効果　74

自己誘導器　64
支持装置　15
CCD　106
指示電気計器　11
Systeme International d'Unites　1
自然2進コード　115
実効抵抗　64
湿度センサ　108
GP-IB　125
尺度　1
周波数　52
周波数カウンタ　52
焦電形センサ　103
シリアルインターフェース　123
シングアラウンド法　100
シンクロスコープ　54
振動容量形　44

水晶振動子　68
SQUID　75
ステファン・ボルツマンの法則　103

正確さ　2
正確度　2
正確率　2
制御装置　13
制御トルク係数　13
静電形計器　19
静電容量形センサ　94
精度　2
制動装置　13
精密さ　2
精密度　2
精密率　2
整流形計器　17
積算計器　29
絶縁抵抗計　61
ゼーベック効果　103
零位法　37
センサ　88, 94
線路電流計　46

相関係数　42
相互インダクタンス　66
相互誘導回路　68
相互誘導器　64
相対誤差　2
測定　1

た　行

ダブルブリッジ法　58

置換法　36
逐次比較形A/D変換器　119
超音波流速センサ　99
超伝導量子干渉素子　75
直接測定　35
直流電圧　43
直角座標式　61
チョッパ　44

D/A変換器　121
定格値　11
抵抗温度センサ　101
抵抗値カラーコード　62
抵抗歪み形センサ　97
デジタルオシロスコープ　55
鉄損　78
デュアルスロープ積分形A/D変換器　118
$\varDelta$-Y変換　70
電位差計　32
電子計測器　11
電磁制動　13
電磁流速センサ　98
電流秤　37
電流力計形計器　21

導体電流　46
トートバンド　12, 15
ドプラー効果　100
トランスデューサ　88
トレーサビリティ　3, 10

な　行

2'S コンプリメンタルコード　116
2進化10進コード　116
二電力計法　51

熱電形計器　18
熱電対　18, 103

は　行

バイオセンサ　109
ハイパスフィルタ　114
倍率器　16
薄膜絶対湿度センサ　108
波形　52
バーチャル・インスツルメンツ　127
白金抵抗線　101
ばらつき　2
パラレルインターフェース　124
反転増幅器　111
半導体ストレインゲージ　98
バンドパスフィルタ　114
万能分流器　29

pHセンサ　108
比較測定　10
光導電現象　104
光導電セル　104
ヒステリシス損　79
ヒステリシス特性　76
微生物センサ　109
皮相電力　51
非反転増幅器　112
標準コンデンサ　65
標準電圧発生器　33
標準電池　33
標準偏差　42
標準誘導器　64
標本化（サンプリング）周波数　117

標本化定理　92
pin ダイオード　106

フォトダイオード　105
ブロンデルの法則　50
分流器　16, 28

並列形 A/D 変換器　120
偏位法　35

ホイートストンブリッジ法　59
補償法　36
補　正　3
補正率　3
ホール効果　74
ホール発電器　46

ま　行

マクスウェル・ブリッジ　70
間違い　3
マルチインフォメーション化
　　89

無効電力　51

メートル系単位　4
目盛板　15

や　行

有効測定範囲　11
誘導形計器　24
誘導形電力計　26

USB　123

容量分圧器　45

ら　行

ラダー形 D/A 変換器　122
LabVIEW　127

力　率　49
リサージュ　52
リニアライザ　102
量子化誤差　117

レーザ速度センサ　100

ローパスフィルタ　114

著者略歴

菅　　　博（すが・ひろし）

1938年　兵庫県に生まれる
1970年　大阪府立大学大学院工学
　　　　研究科修了
現　在　広島国際大学社会環境学部教授
　　　　工学博士
〔第1編第2部，第3編担当〕

玉野和保（たまの・かずほ）

1946年　山口県に生まれる
1971年　大阪大学大学院基礎工学
　　　　研究科修了
現　在　広島工業大学工学部教授
　　　　工学博士
〔第1編第1部，第4部，第2編第5部担当〕

井出英人（いで・ひでと）

1944年　長野県に生まれる
1970年　工学院大学大学院工学
　　　　研究科修了
現　在　青山学院大学理工学部教授
　　　　工学博士
〔第1編第3部担当〕

米沢良治（よねざわ・よしはる）

1947年　広島県に生まれる
1972年　青山学院大学大学院理工学
　　　　研究科修了
現　在　広島工業大学工学部教授
　　　　工学博士
〔第2編第6部〜第7部担当〕

電気・電子工学テキストシリーズ1

電気・電子計測　　　　　　　　　　　　定価はカバーに表示

2005年4月15日　初版第1刷
2024年3月15日　　　第17刷

　　　　　　　　　　著　者　菅　　　　博
　　　　　　　　　　　　　　玉　野　和　保
　　　　　　　　　　　　　　井　出　英　人
　　　　　　　　　　　　　　米　沢　良　治
　　　　　　　　　　発行者　朝　倉　誠　造
　　　　　　　　　　発行所　株式会社　朝倉書店
　　　　　　　　　　　　　　東京都新宿区新小川町6-29
　　　　　　　　　　　　　　郵便番号　162-8707
　　　　　　　　　　　　　　電　話　03(3260)0141
　　　　　　　　　　　　　　FAX　03(3260)0180
　　　　　　　　　　　　　　https://www.asakura.co.jp

〈検印省略〉

© 2005 〈無断複写・転載を禁ず〉　　　　　　　Printed in Korea

ISBN 978-4-254-22831-1　　C3354

JCOPY　〈出版者著作権管理機構　委託出版物〉

本書の無断複写は著作権法上での例外を除き禁じられています．複写される場合は，
そのつど事前に，出版者著作権管理機構（電話 03-5244-5088, FAX 03-5244-5089,
e-mail: info@jcopy.or.jp）の許諾を得てください．

◆ 電気・電子工学テキストシリーズ ◆
読みやすく工夫された新テキストシリーズ

広島工大 山下英生・広島工大 猪上憲治・島根大 舩曵繁之・
鳥取大 西村 亮著
電気・電子工学テキストシリーズ2
電 気 機 器
22832-8 C3354　　　B5判 160頁 本体3200円

電気機器の動作を理解する上での基礎的な現象から説き起こし、パワーエレクトロニクスまでを包括した簡明かつ広範な内容のテキスト。〔内容〕電気機器の基礎／変圧器の原理および理論／三相同期発電機の原理／パワーエレクトロニクス／他

前広島工大 中村正孝・広島工大 沖根光夫・
広島工大 重広孝則著
電気・電子工学テキストシリーズ3
電 気 回 路
22833-5 C3354　　　B5判 160頁 本体3200円

工科系学生向けのテキスト。電気回路の基礎から丁寧に説き起こす。〔内容〕交流電圧・電流・電力／交流回路／回路方程式と諸定理／リアクタンス1端子対回路の合成／3相交流回路／非正弦波交流回路／分布定数回路／基本回路の過渡現象／他

◆ 入門 電気・電子工学シリーズ〈全10巻〉 ◆
加川幸雄・江端正直・山口正恆 編集

熊本大 奥野洋一・中大 小林一哉著
入門電気・電子工学シリーズ1
入 門 電 気 磁 気 学
22811-3 C3354　　　A5判 272頁 本体3200円

クーロンの法則に始まり、マクスウエルの方程式まで、基礎的な事項をていねいに解説。〔内容〕静電界の基本法則／導体系と誘電体／定常電流の界／定常電流による磁界／電磁誘導とマクスウエルの方程式／電磁波／付録：ベクトル公式

元千葉大 斉藤制海・前千葉大 天沼克之・
千葉大 早乙女英夫著
入門電気・電子工学シリーズ2
入 門 電 気 回 路
22812-0 C3354　　　A5判 152頁 本体2600円

現在の高校物理との連続性に配慮した記述、内容とし、セメスター制に準じた構成内容になっている。〔内容〕電気回路の基礎と直流回路／交流回路の基礎／交流回路の複素数表現／線形回路解析の基礎／線形回路解析の諸定理／三相交流の基礎

前熊本大 江端正直・崇城大 西村 強著
入門電気・電子工学シリーズ4
入 門 電 気・電 子 計 測
22814-4 C3354　　　A5判 128頁 本体2600円

現在の高校物理と連続性に配慮した記述、内容のセメスター制対応教科書。〔内容〕計測の基礎／測定用計器の基礎／電圧、電流、電力の測定／抵抗、インピーダンスの測定／センサとその応用／センサを用いた測定器／演習問題解答

岡山理大 岡本卓爾・岡山大 森川良孝・
岡山県大 佐藤洋一郎著
入門電気・電子工学シリーズ6
入 門 ディジタル 回 路
22816-8 C3354　　　A5判 224頁 本体3200円

基礎からていねいに、わかりやすく解説したセメスター制対応の教科書。〔内容〕半導体素子の非線形動作／波形変換回路／パルス発生回路／基本論理ゲート／論理関数とその簡単化／論理回路／演算回路／ラッチとフリップフロップ／他

前東北大 竹田 宏・八戸工大 松坂知行・
八戸工大 苫米地宣裕著
入門電気・電子工学シリーズ7
入 門 制 御 工 学
22817-5 C3354　　　A5判 176頁 本体3000円

古典制御理論を中心に解説した、電気・電子系の学生、初心者に対する制御工学の入門書。制御系のCADソフトMATLABのコーナーを各所に設け、独習を通じて理解が深まるよう配慮し、具体的問題が解決できるよう、工夫した図を多用

千葉大 伊藤秀男・前千葉大 倉田 是著
入門電気・電子工学シリーズ8
入 門 計 算 機 システム
22818-2 C3354　　　A5判 196頁 本体3000円

計算機システムの基本構造、計算機ハードウエア基礎、オペレーティングシステム基礎、計算機ネットワーク基礎等の計算機システムの概要とネットワークOS等について基礎的な内容を具体的にわかりやすく解説。各章には演習問題を付した

農工大 金子敬一・元東京国際大 今城哲二・
日大 中村英夫著
入門電気・電子工学シリーズ9
入 門 計 算 機 ソフトウエア
22819-9 C3354　　　A5判 224頁 本体3200円

ソフトウエア領域の全体像を実践的に説明し、ソフトウエアに関する知識と技術が獲得できるよう平易に解説したテキスト。〔内容〕データ構造とアルゴリズム／プログラミング言語／基本ソフトウエア／言語処理系／システム事例／他

前岡山大 加川幸雄・日大 霜山竜一著
入門電気・電子工学シリーズ10
入 門 数 値 解 析
22820-5 C3354　　　A5判 152頁 本体2600円

数値計算を利用する立場からわかりやすい構成としたセメスター制対応のやさしい教科書。〔内容〕数値計算の誤差／微分と積分／補間と曲線のあてはめ／連立代数方程式の解法／常微分方程式と偏微分方程式の差分近似と連立方程式への変換

上記価格（税別）は2024年2月現在